U0051776
布・包&衣
北歐風
創意裁縫特集

簡單＆實用．
初學縫紉也 ok！

布・包&衣
北歐風
創意裁縫特集

簡單＆實用．
初學縫紉也 ok！

簡單＆實用 · 初學縫紉也 ok！

布 · 包&衣
北歐風創意裁縫特集

手作，是一種有溫度的魅力

對於縫紉手作，讓人有一種期待和興奮的成就！一樣的『布』，經由取圖、配色、配件和型款，再注入一些個人的巧思，便能創作出『布』一樣風情！

『布』——請用心去感受圖案散發出的魅力，將感覺轉換成創作的靈感，隨心所欲大膽創作，車縫之間那種愉快成就，必須親自去體驗！

『Etoffe』是日本斉藤謠子大師設計的布料，北歐風格中帶有大人感的童趣，用一種布作的溫暖和態度去經營自己的生活風格，是多麼令人嚮往！每件親手縫製的作品都有當下創作時的心情和故事，也會是陪伴時光的最好布物！

這是一本由臺灣喜佳創作團隊所規劃製作的『布・包＆衣』北歐風創意裁縫特集。每位參與創作的老師們是喜佳引以為傲的，她們是一群受過專業訓練的菁英師資，平日教學也受到廣大學員們的喜愛，老師們想透過作品傳達新穎的設計概念，更重要的是藉由縫紉的樂趣，帶給大家更不同的生活態度！

手作是一種有溫度的魅力，更是一份別具風格的心意！期待各位也能從書中分享的作品得到啟發和製作的動力！一起動手吧！每天新的『布包＆布衣』，讓手作生活更加多采！多姿！

臺灣喜佳股份有限公司

本書製作師資

賴英琴

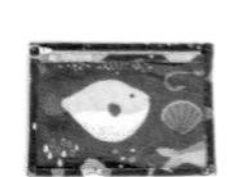

台北生活館才藝副店長
教學資歷18年
填充玩偶設計打版師
陶瓷娃娃打樣師
證照／喜佳機縫研習講師班
專長／拼布創作設計、手作袋物設計打版製作、刺繡

陳淑娟

北區才藝中心時尚專任老師
教學資歷4年
服裝公司打版師資歷25年
證照／喜佳機縫研習講師班
專長／服裝設計打版及打樣 、拼布創作設計、手作袋物設計打版製作、刺繡
學歷／稻江護家高職家政科、實踐專校服裝設計科畢業

彭靜慧

中壢生活館才藝副店長
教學資歷11年
證照／女裝丙級
專長／洋裁設計、拼布創作設計、手作袋物設計打版製作

賴惠雅

台中中友專櫃資深專任老師
教學資歷18年
曾任中區才藝中心主任5年
「縫紉超活用技巧寶典100」、「Cotton Life雜誌」單元作者群之一
證照／女裝丙級
專長／洋裁設計、拼布創作設計、手作袋物打版設計製作

李潔萍

南區才藝中心副理
教學資歷30年
77~83年美商勝家才藝主任
喜佳縫紉機縫師資班第一屆講師
喜佳派駐馬來西亞講師
台弟公司拼布師資培訓課程講師
樹德科技大學流行設計系產學合作講師
高雄文化局決戰36小時大賽主審
高雄加工出口區環保創意縫紉大賽主審
「愛上縫紉機」、「壓布腳縫紉全書」、「時尚百搭兩用包」作者群之一
第14屆brother ECO機縫拼布創作比賽優秀賞
第15屆brother ECO機縫拼布創作比賽入賞
第16屆 brother ECO機縫拼布創作比賽入賞
教育部高級中學專任老師赴公民營機構研習課程講師
服裝打版設計教學、拼布設計教學、手作包設計教學、刺繡緞帶教學
證照／登麗美安服裝講師班、喜佳機縫研習講師班、永漢日本手藝普及協會本科及高等科
專長／洋裁設計打版、拼布創作設計、手作袋物設計打版製作、緞帶繡

王玉蘭

高雄生活館才藝副店長
教學資歷11年
喜佳楠梓加工區舊衣改造大賽評審
時尚創新設計產業工作坊講師
證照／女裝乙級
專長／洋裁設計、拼布創作設計、手作袋物設計打版製作

范春蓉

台南生活館才藝副店長
喜佳教學資歷9年
曾任嘉南區才藝中心專任老師
成衣公司打樣製作
證照／女裝丙級
專長／洋裁設計、拼布創作設計、手作袋物設計打版製作

Content

PART 1
布 & 設計

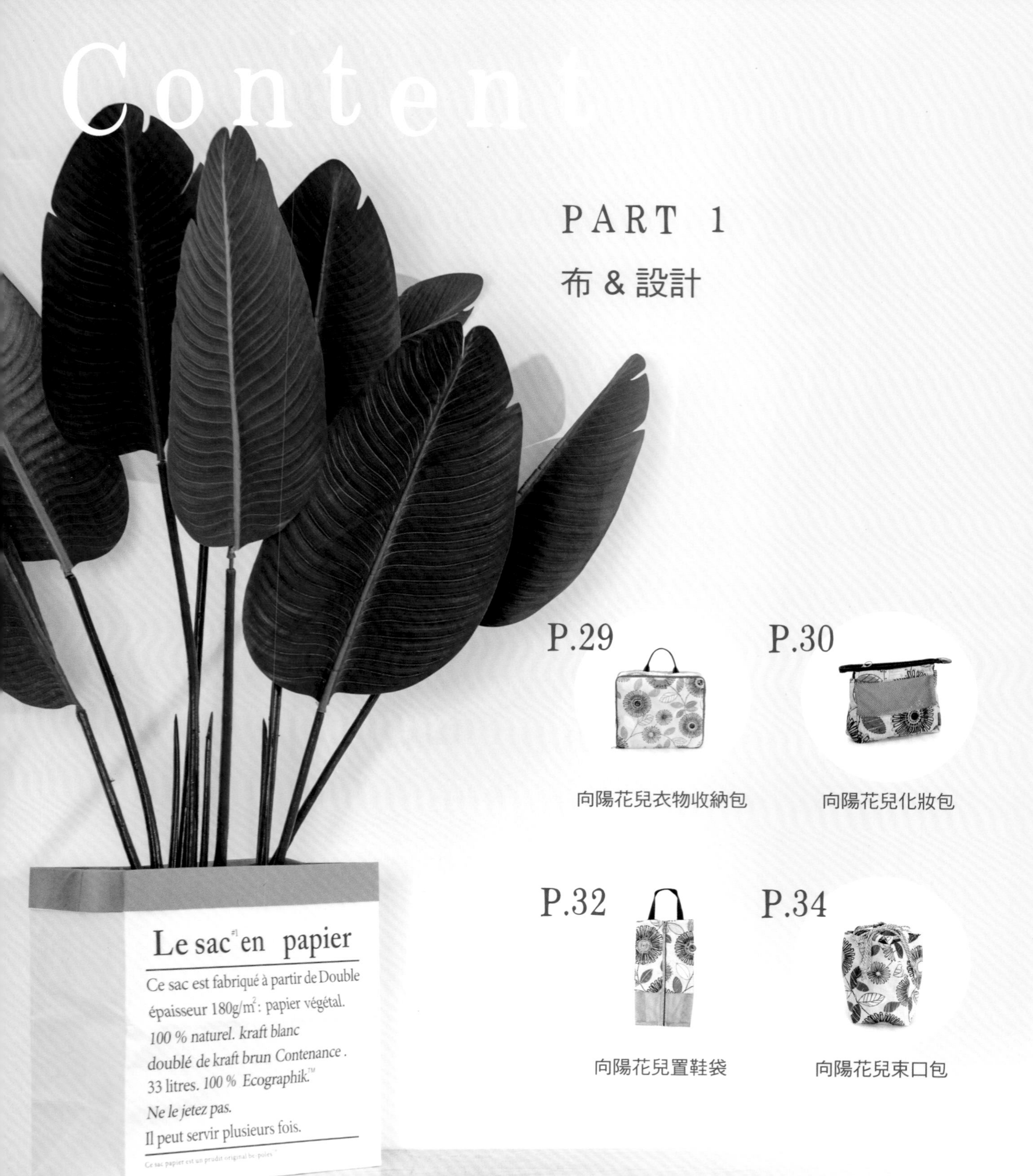

PART 2 Bag & Clothes

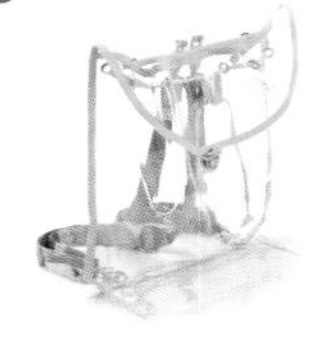

PART 3 how to make

◎附錄兩大張原寸紙型

NCC CC-1877 Sewing Pioneer 新生活縫紉機

PART　1

布＆設計

縫紉手作系列——
屬於大人世界的俏皮＆可愛
洋裁系列——
為了製作手作衣而存在的布料設計

●Etoffe布料 特別感謝
日本紐釦貿易株式会社
日本LECIEN株式会社

在Etoffe系列裡加入適合洋裁類的「府綢」材質，

運用基礎簡單的「雨滴」及「小花」圖形，運用上可以更普及。

使用蠟筆筆觸童趣手法生動地描繪出森林裡的動植物，

偏寫實風格搭配多彩色調，帶人一窺神秘的海底世界。

材質為較為硬挺的牛津布，搭配上色彩豐富的主題，

只要簡單設計的包款，即可呈現系列特色。

Etoffe Collection

誕生於日本斉藤謠子老師的日常生活

斉藤謠子（Yoko Saito）

拼布作家。因為對美國的古董拼布產生興趣而開啟拼布創作之路，之後將目光移往歐洲及北歐，發展出獨特的配色及設計風格。作品深厚的基礎功力博得好評，歷任拼布教室與通訊講座講師。已經拼布拼了40年以上的拼布作家斉藤謠子，創作過無數的衣服和包包，在拼布界可說是擁有超人氣的大人物。作品常見於「すてきにハンドメイド」電視節目及雜誌等，海外的作品展出及研習也相當受歡迎，出版著作眾多。

著有《斉藤謠子の北歐風拼布包：簡單時尚×雜貨風人氣手作布包Type・25》

《斉藤謠子のLOVE拼布旅行：最愛北歐！夢之風景×自然系雜貨風の職人愛藏拼布・27》部分繁體中文版著作由雅書堂文化出版。

キルトパーティ株式会社（QUILT PARTY Co.Ltd.）主催者

斉藤謠子拼布教室＆店舖 Quilt Party

www.quilt.co.jp

PART 1

Etoffe Collection

縫紉手作系列

屬於大人世界的俏皮＆可愛

向陽花兒

喜悅、開心、幸福…

在每一朵盛情綻放的花朵裡。

為迎向快樂，請在陽光之下、和風之中，

努力地搖曳出動人的姿態吧！

向陽花兒衣物收納包

- 設計＆製作／李潔萍老師
- 作法請參考P.68至P.70

材質／100%棉 單面花紋

產地／日本

建議用途／布包＆衣服

Happiness手提肩背兩用包

- 設計理念／袋口採弧形設計，營造甜美感，袋身雙褶效果增加澎度，袋型以出芽滾邊處理，不僅有挺度，也讓包款更加立體，可採肩背或手提，是增加年輕氣息的包款設計。
- 作品尺寸／寬32×高26×袋底8.5cm
- 設計&製作／楊環羽老師

陽光旅行包

- 設計理念／大圖案的布花運用於大型旅行包設計，很能大方表現出圖案的美麗，織帶以托特包概念，運用能實質上承載重量，亦成為包款的俐落造型感。袋口採雙向拉鍊貼心設計，是手作人必備的基本款旅行包。
- 作品尺寸／寬47×高33×袋底17cm
- 設計&製作／楊雯玉老師

PART 1

Etoffe Collection
縫紉手作系列
屬於大人世界的俏皮＆可愛

如魚得水

美麗的魚兒，悠遊自在！

悠閒而舒適的存在，

無疑是你力爭上游的獲得。

夏之旅清透後背包-內袋

● 設計＆製作／彭靜慧老師

| How to make P.82至P.90 |

材質／100％棉 單面花紋

產地／日本

建議用途／布包＆衣服

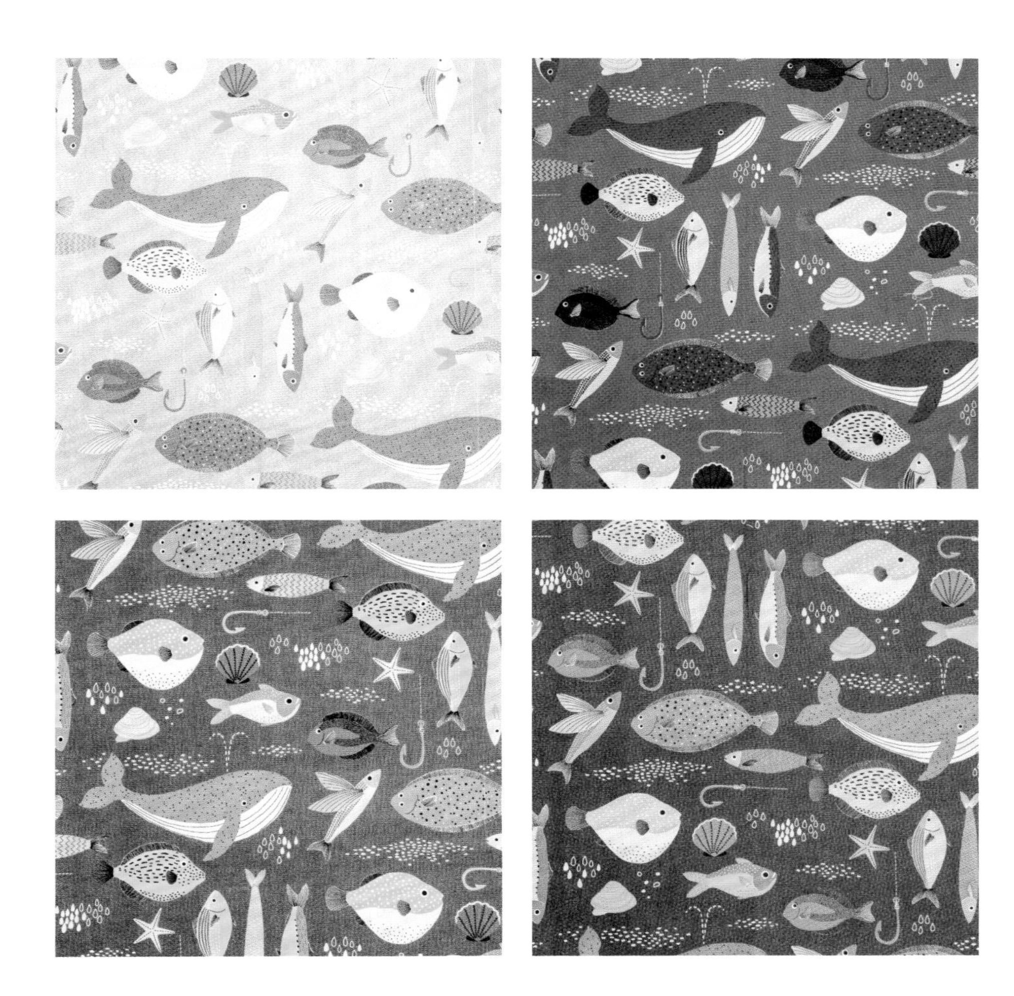

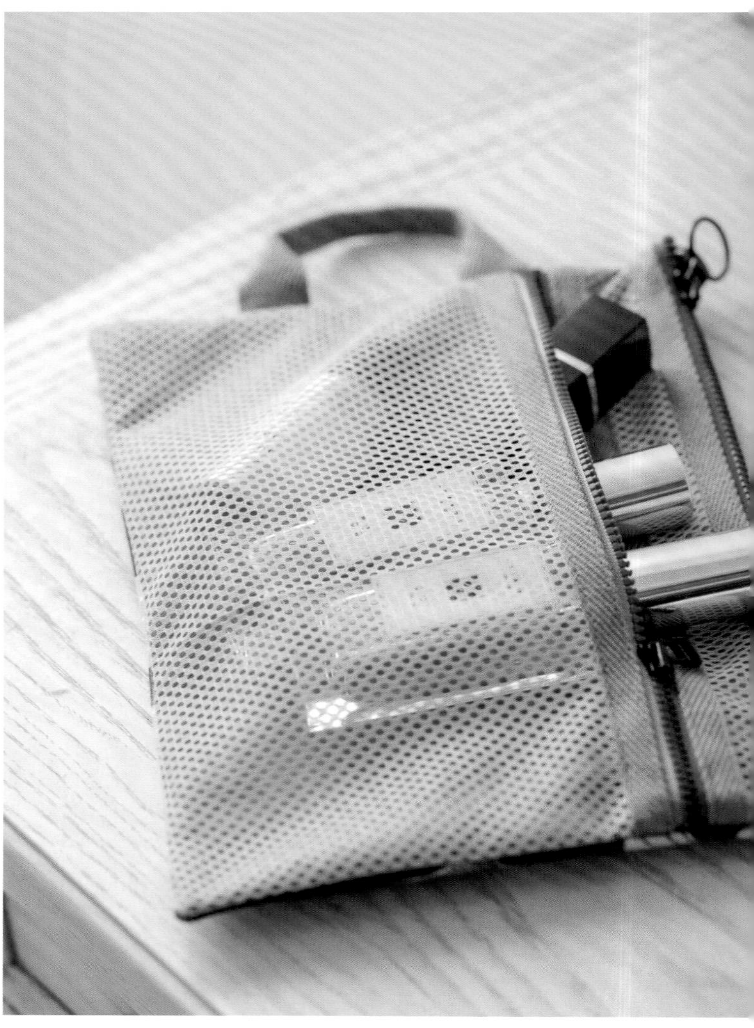

悠遊自在收納包

趣味感十足的取圖效果！

● 設計理念／

運用剩餘的布料也能巧妙製作實用的隨身小包，

正面呈現魚兒圖形的趣味感，

背面採異材質網狀布的混搭法，

讓收納物清楚可見，同時兼具時尚風。

單邊織帶形成的手提把，也成為整體造型的一部分。

● 作品尺寸／寬24×高17cm

● 設計&製作／李潔萍老師

魚兒上鉤吊飾

完整取出主題圖案，

也能營造獨特小物！

● 設計理念／

擅用圖案布料的造型特色與趣味感，

別小看零碼的布料製作成的吊飾，

襯托素面包款，瞬間成為最吸睛的主角！

● 設計&製作／彭靜慧老師

| How to make P.101 |

PART 1

Etoffe Collection

縫紉手作系列

屬於大人世界的俏皮＆可愛

森林樂園

黑熊、貓頭鷹、孔雀、貓咪、松鼠、狐狸、雙峰駱駝⋯

奔跑、嬉鬧，一場森林裡的捉迷藏正熱鬧進行著！

也多虧了黑熊和雙峰駱駝，可愛動物們因此開心地同框，

有趣的森林樂園天天都在開party！

材質／100%棉 單面花紋

產地／日本

建議用途／布包＆衣服

巧巧提袋

- 設計理念／

擅用圖案布料的造型特色與趣味感，

別小看零碼的布料製作成的吊飾，

襯托素面包款，瞬間成為最吸睛的主角！

- 作品尺寸／寬23×高26×袋底16cm
- 設計&製作／尚富媛老師

Etoffe Collection
洋裁系列
為了製作手作衣而存在的布料設計

心情雨滴

像是雨滴，

在落地之時，有音回應。

而偶爾出現的，不同顏色的雨珠兒，

像極了日常之中偶遇的美好，

雖然不會一直都在，慣於隨機巧妙的出現，

卻是好美，好美…

材質／100%棉 單面花紋

產地／日本

建議用途／布包＆衣服

小小方向鍊

低調中的美麗，隱約中的優雅，

即使色調單一，在靜謐中的氣質也令人願意湊近地多看一眼。

沒有特別明顯的方向，卻顯得特別溫和；

也像是隱隱約約的鎖鏈條紋，存在著一種不做作的，

讓人看一眼就覺舒服的、自然的線條……

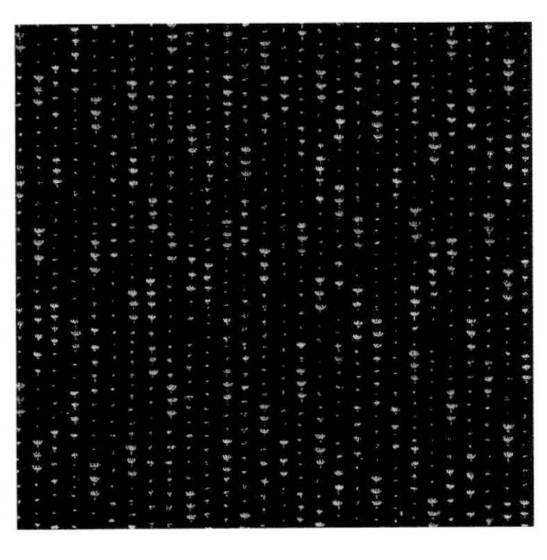

材質／100%棉 單面花紋

產地／日本

建議用途／布包&衣服

PART 2

Bag & Clothes

一起動手吧！
每天新的『布包＆布衣』，
讓手作生活更加多采多姿。

P
A
R
T
2

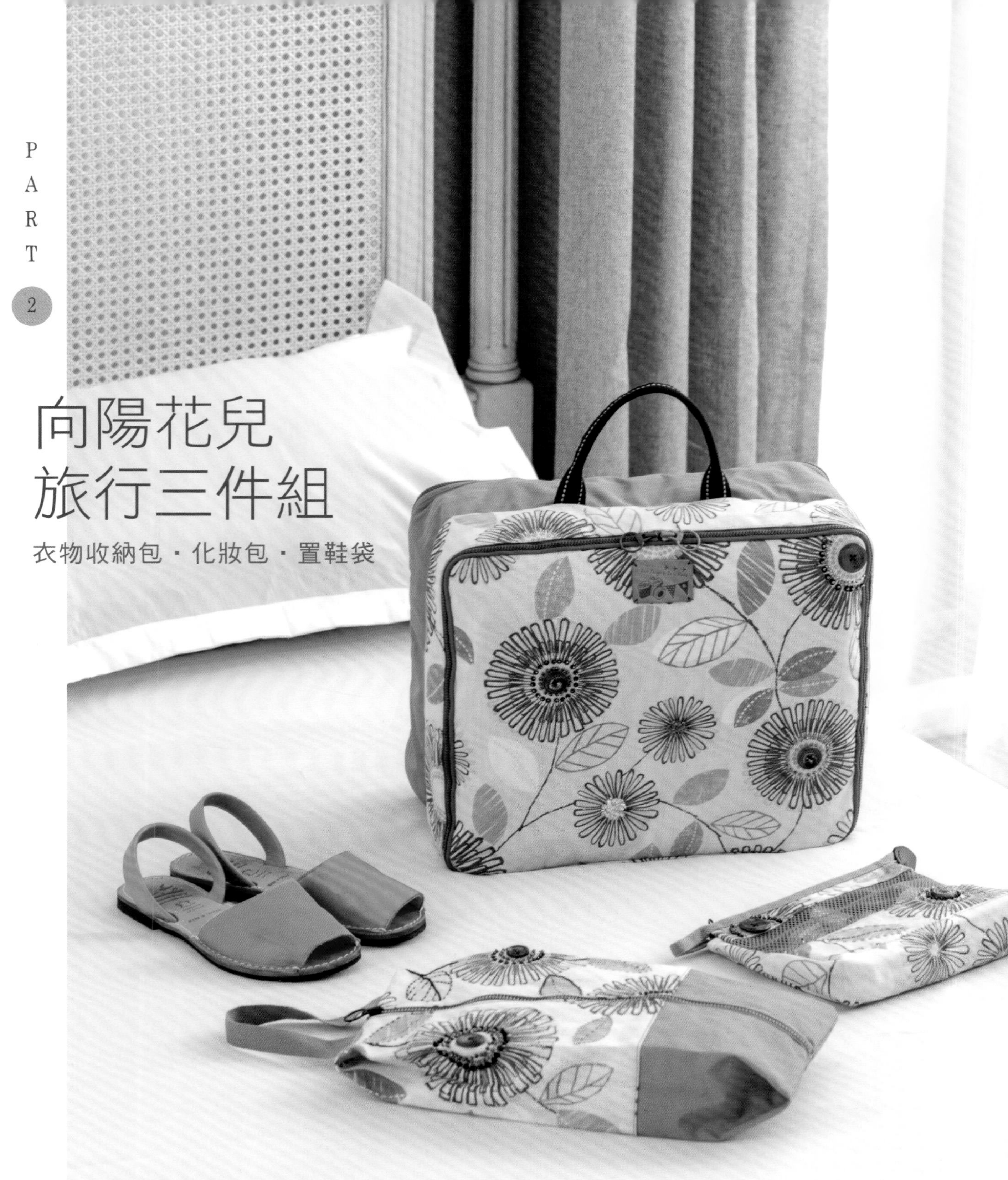

向陽花兒
旅行三件組

衣物收納包・化妝包・置鞋袋

親手作一組獨一無二的收納包伴你旅行吧！

除了朵朵綻放的向陽花兒，

巧思在於重點式地，綴上了讓花顏燦爛閃亮的珠繡！

Bag

向陽花兒衣物收納包

製作難度／★★★

外觀尺寸／長35×寬26×高9cm

這是一個多功能收納包，中有夾層兩側開拉，內含三個獨立網狀收納袋，可以分別放置用品、貼身衣物，也是一個迷你行李箱呢！當然也很適合作為平日衣物分類收納包。

● 學習重點／網眼布夾層製作・拉鍊車縫運用・人字織帶包邊處理

設計＆製作／李潔萍 老師

| How to make P.68至P.70 | 紙型 B 面

PART 2

Bag

向陽花兒化妝包

製作難度／★★★

外觀尺寸／長35×寬26×高9cm

剛剛好的尺寸可以完美收納瓶瓶罐罐，

前袋身採用網眼布，讓裝載物也能呼吸，袋內不悶濕！

● 學習重點／網眼布車縫製作・拉鍊車縫運用・人織帶縫份光邊處理

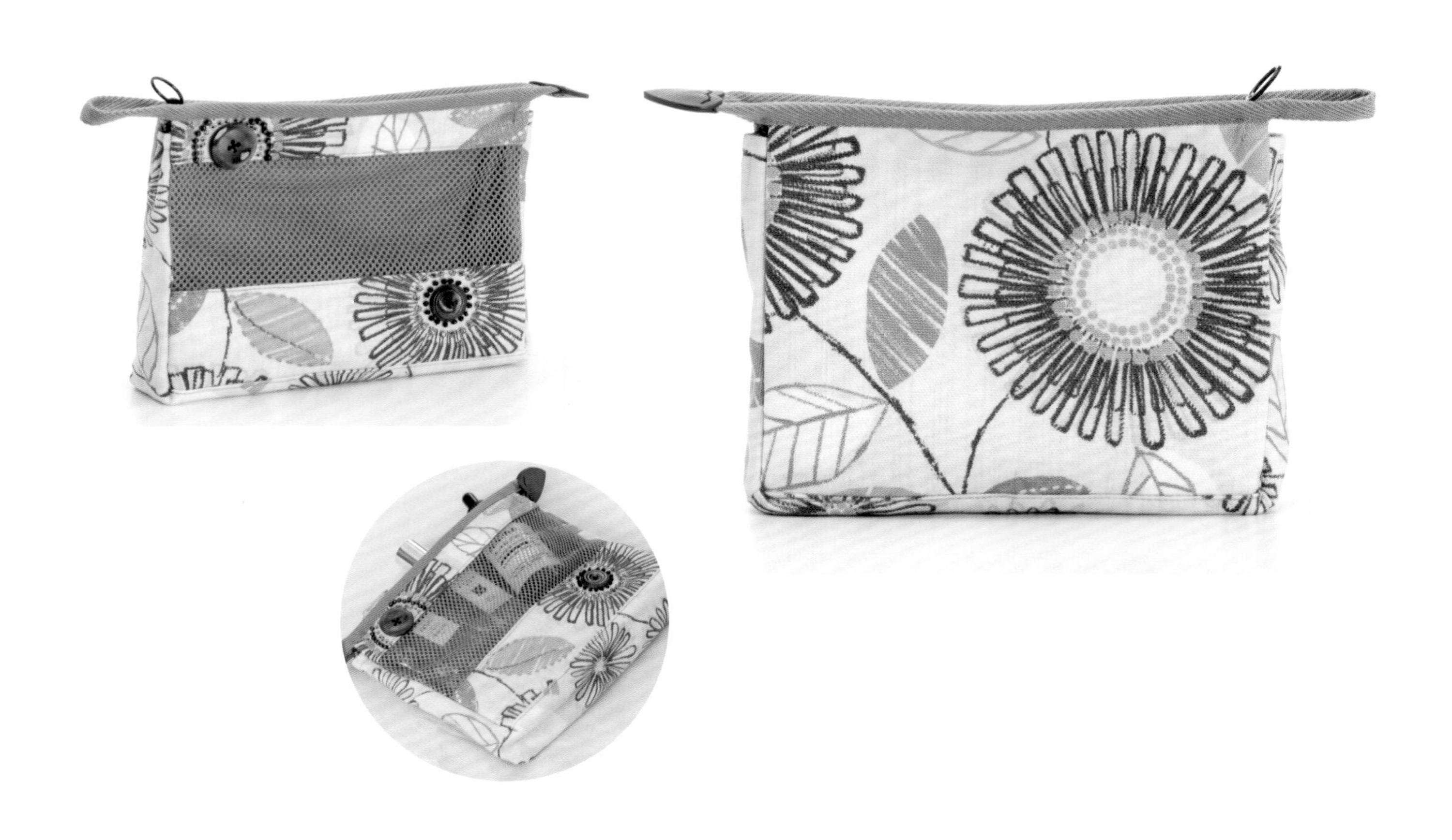

設計＆製作／李潔萍 老師

| How to make P.71至P.72 | 紙型 B 面

Bag

向陽花兒置鞋袋

製作難度／★★

外觀尺寸／寬17×高36cm

給愛鞋一個專屬的舒適收納空間，

用心對待每一個物件，

絕對也是旅程中心情愉悅的一部分。

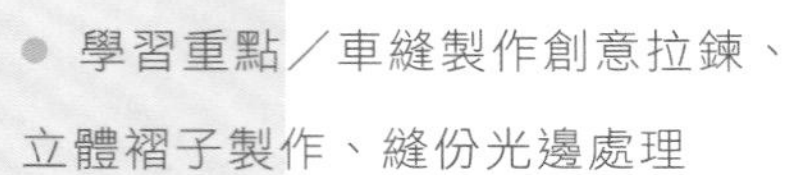

● 學習重點／車縫製作創意拉鍊、

立體褶子製作、縫份光邊處理

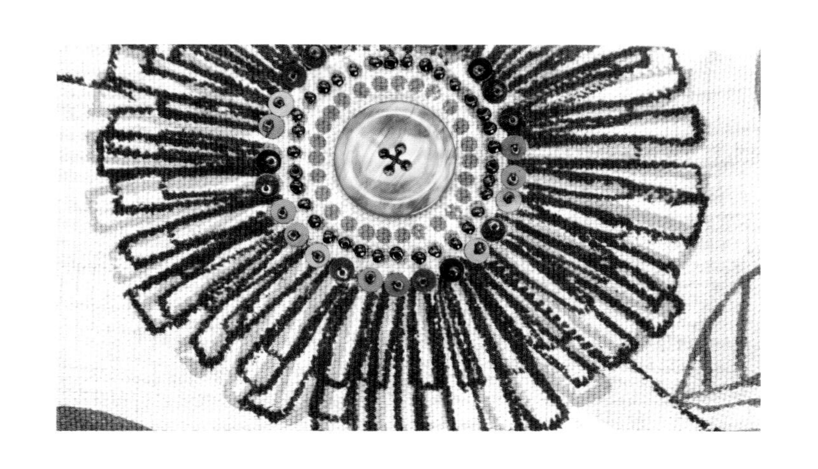

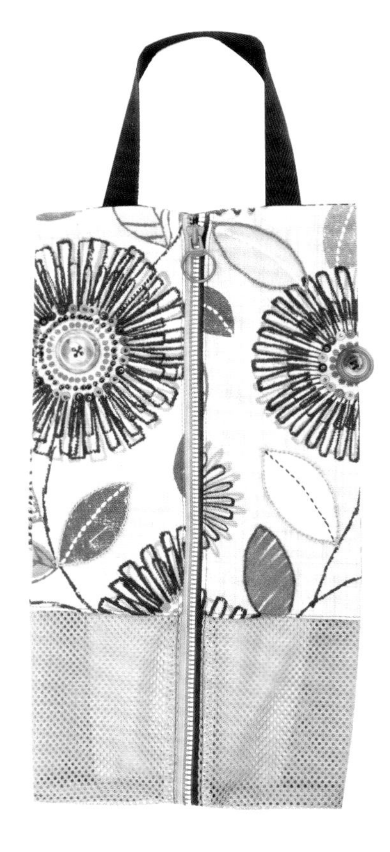

設計＆製作／李潔萍 老師

| How to make P.74至P.75 |

P A R T 2

Bag

向陽花兒束口包

製作難度／★★

外觀尺寸／寬15.5×高27.5×袋底15.5cm

立體方形設計顯得俏皮活潑，

搭配包體花色的彩色棉繩，

大大提昇整體視覺一致性。

裝載之後，自然提起包口自動束攏，完全不怕內容走光喔！

● 學習重點／袋身十字袋型製作技巧、袋口耳絆製作

設計＆製作／范春蓉老師

| How to make P.76至P.78 |

Bag

向陽花兒托特包

製作難度／★★

外觀尺寸／寬31.5×高30.5×袋底11cm

最受喜愛的尺寸，可背可提，

承載度100%，

可以完美收納A4尺寸的書刊。

大大的袋面可呈現圖案布的主圖案，

是令人注目的焦點。

● 學習重點／拉鍊貼式口袋製作／內掛袋製作／長短提把製作

設計＆製作／范春蓉老師

| How to make P.79至P.81 | 紙型 A 面

P A R T 2

夏之旅
清透後背包

外袋通透清涼如水，

內袋有魚跳躍，

不管誰來背，

青春與愉悅都滿溢！

既不怕髒也可清洗，

玩水時或遇雨也都不需擔心！

可單背，亦可合體。

Bag

夏之旅清透後背包—外袋

製作難度／★★★★

外觀尺寸／寬24×高19×袋底7cm

● 學習重點／異材質車縫與五金結合運用、背帶製作

設計&製作／彭靜慧老師

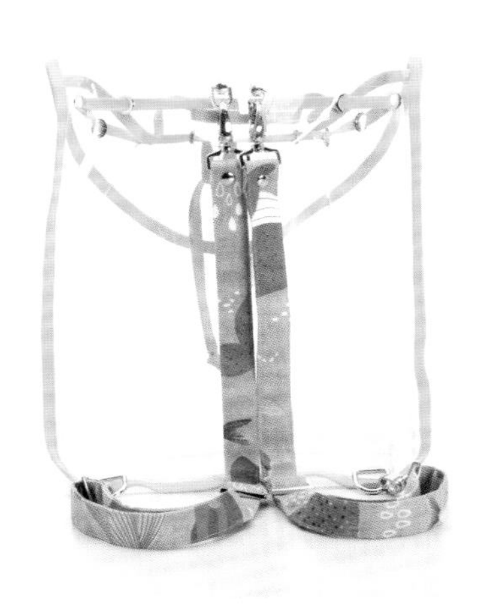

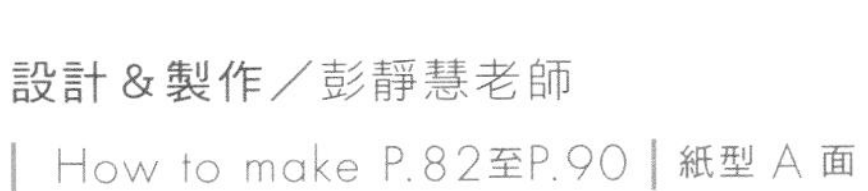

設計&製作／彭靜慧老師

| How to make P.82至P.90 | 紙型 A 面

PART 2

Bag

夏之旅清透後背包－內袋

製作難度／★★★

外觀尺寸／寬24×高19×袋底7cm

● 學習重點／袋口拉鍊兩端處理技巧、袋口與側身立體效果製作

設計＆製作／彭靜慧老師

| How to make P.82至P.90 | 紙型 A 面

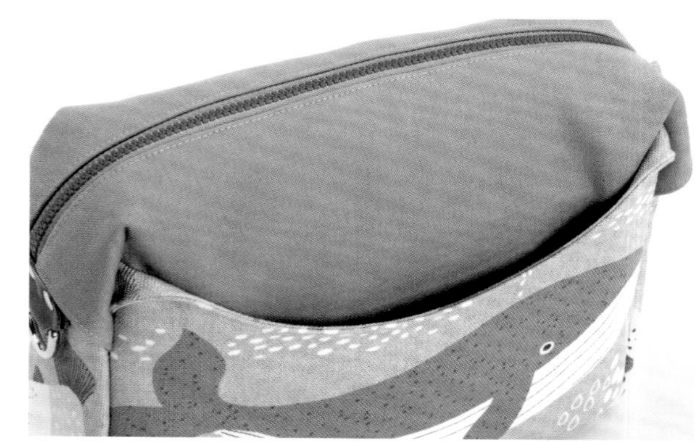

圖案布的樂趣！

即使是同一個圖案同一款包型，也能創造不同趣味！

直接取圖創作、透過口袋內外層產生趣味感，

或是隨心所欲的自由拼貼，大膽手作就是這麼好玩！

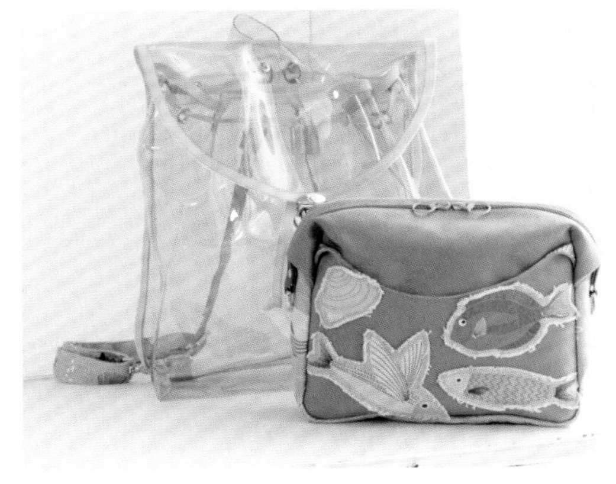

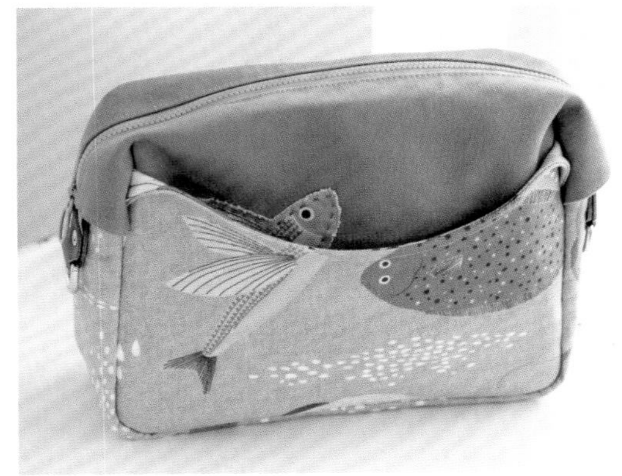

悠遊城市時尚包

巧妙的取圖方式，
構築了特別吸睛的視覺焦點。
你瞧，一群魚兒自在水中游，
一提著走，
就彷彿提了一個海洋世界四處環遊。
最顯優雅大方的尺寸，
不僅適合每一個人，
可背可提，也隨意！

Bag

悠遊城市時尚包

製作難度／★★★★★

外觀尺寸／寬34×高27×袋底14cm

● 學習重點／袋身包繩製作、立體口袋與袋蓋製作、異材質車縫效果、一字拉鍊口袋製作、裡袋身外圍滾邊車縫

設計＆製作／賴英琴 老師

| How to make P.91至P.99 | 紙型 A 面

P
A
R
T
2

Bag

悠遊魚隨行包

製作難度／★

外觀尺寸／寬23×高18cm

● 學習重點／異材質組合、簡易小包製作、拉鍊滾邊製作。

設計＆製作／賴英琴 老師

| How to make P.100 |

Bag

魚兒上鉤吊飾

製作難度／★

外觀尺寸／8.5cm×13.5cm

● 學習重點／取圖設計運用、異材質組合

設計＆製作／彭靜慧 老師

| How to make P.101 |

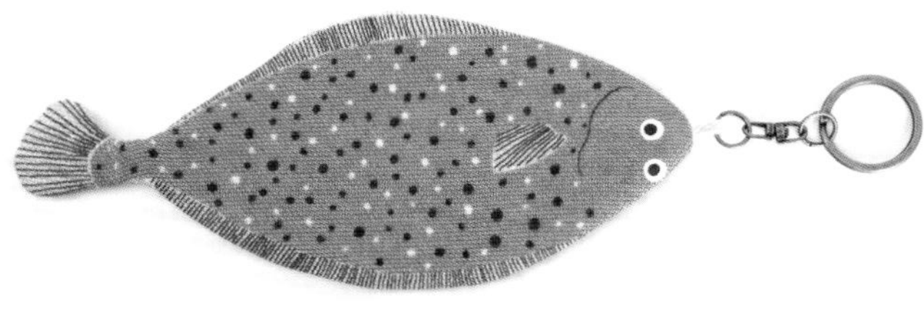

PART 2

森林樂園
支架口金包

口金包一向擁有高人氣，
即使多作幾個也都不夠用！
容易製作又實用的尺寸，
你一定得多作幾個，
不管單獨使用或作為袋中袋，
作為禮物送人或自用都好！

Bag

森林樂園支架口金包

製作難度／★★★

外觀尺寸／寬25×高15×袋底9cm

● 學習重點／支架口金拉鍊口布製作、拉鍊擋頭製作

設計＆製作／賴惠雅 老師

| How to make P.109 |

PART 2

森林樂園 旅行3WAY包

可橫提、直提，還可以雙肩背起！

多變化的使用方式大大增進行動的便利性。

而且，

可直的擺，立著擺也行，

完美得不佔空間！

Bag

森林樂園
旅行3WAY包

製作難度／★★★★

外觀尺寸／直徑27×高47cm

● 學習重點／圓筒袋身車縫製作、袋口拉鍊製作、異材質網狀布車縫、織帶雞眼處理、裡袋貼式口袋製作

設計＆製作／賴惠雅 老師

| How to make P.102至P.108 | 紙型 B 面

PART 2

森林樂園
輕旅後背包

透過異材質的結合，
與設計上的功能思考
特別凸顯了圖案布的特色，
既美型又實用。
適用性、耐用度和裝載量，
也都很棒喔！

Bag

森林樂園輕旅後背包

製作難度／★★★★

外觀尺寸／寬27×高32×袋底13cm

● 學習重點／袋口拉鍊導圓角車縫、前後袋身口袋製作、前袋身立體貼式口袋及袋蓋製作、側身口袋製作、異材質麂皮車縫製作

設計＆製作／王玉蘭老師

| How to make P.112至P.117 | 紙型 B 面

P
A
R
T
2

森林樂園護照套

同一畫面，兩種動物姿態各異，

特顯童趣。

包邊布特別選用對比色彩，醒目不易混淆，

裡布多層分隔，

方便同時收納旅行時隨身攜帶的重要證件，

實用性超優異。

設計＆製作／王玉蘭 老師

| How to make P.110至P.111 | 紙型 C 面

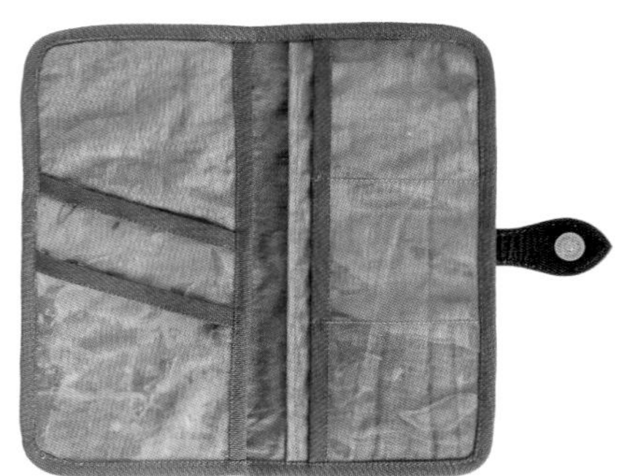

Bag

森林樂園護照套

製作難度／★★★

外觀尺寸／寬12×高24cm

● 學習重點／取圖的趣味性、滾邊導圓角製作、內夾層製作

PART 2

百搭手作服

日常穿著手作衣＆褲，

最是講究隨性自在，輕鬆搭配！

Clothes

秋瑟長版衫

製作難度／★★★

● 學習重點／變化領型縫製技巧、立體對稱褶口袋車縫方法、後腰裝飾帶的製作、後開衩的縫製方法、簡易門襟的製作技巧

設計＆製作／陳淑娟 老師

| How to make P.118至P.123 | 紙型 C・D 面

P
A
R
T
2

秋瑟長版衫

● 學習重點／袖長變化製作

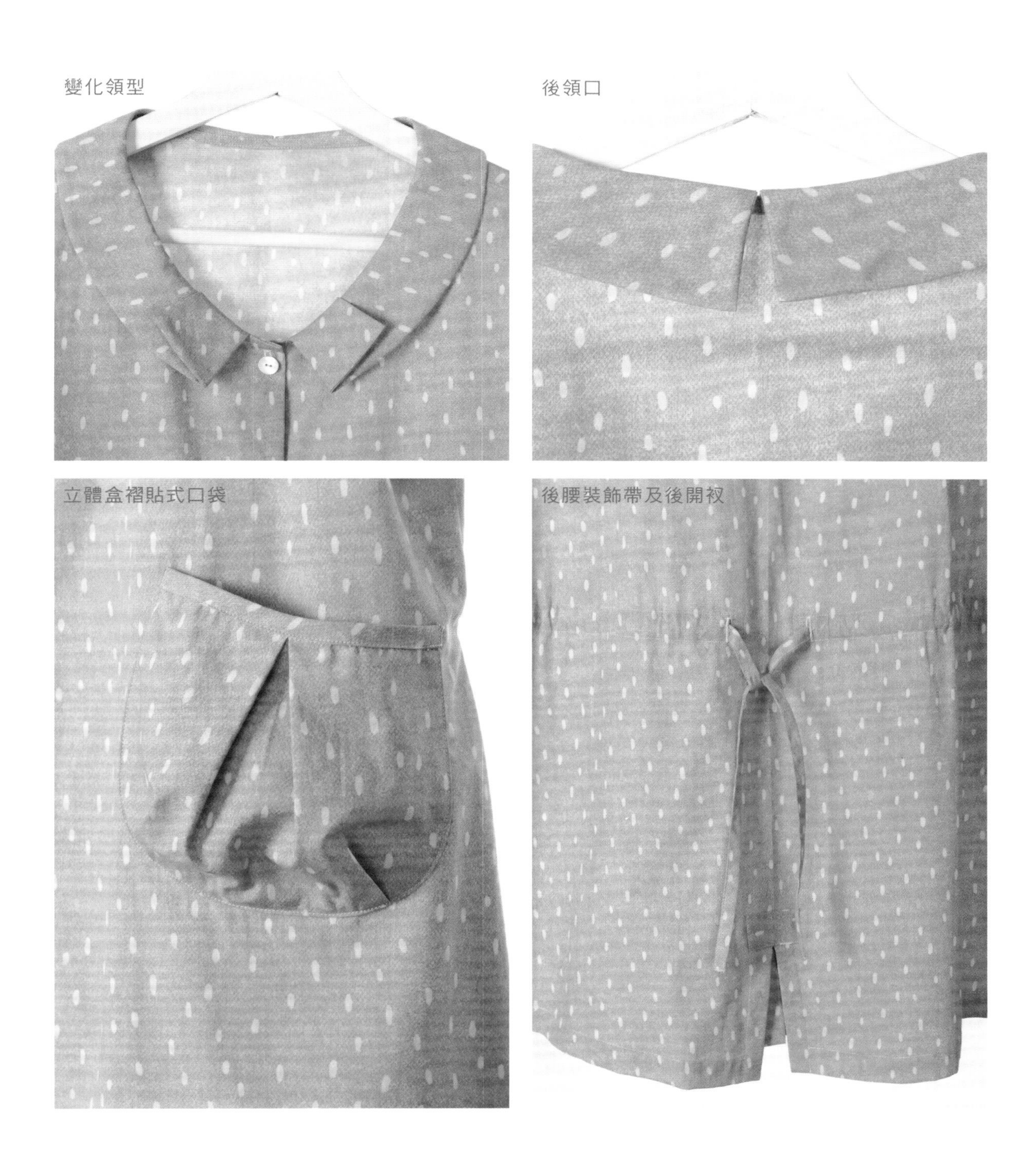

變化領型

後領口

立體盒褶貼式口袋

後腰裝飾帶及後開衩

Clothes

百搭寬褲

製作難度／★★

● 學習重點／鬆緊帶褲頭製作及穿鬆緊帶的技巧、貼式口袋製作方法

設計＆製作／陳淑娟 老師

| How to make P.127至P.129 | 紙型 C・D 面

Clothes

簡約優美上衣

製作難度／★★

● 學習重點／領圈內滾邊的縫製技巧、身片盒褶車縫方法、後開口釦絆的車縫方法

設計＆製作／陳淑娟 老師

| How to make P.124至P.126 | 紙型 C・D 面

brother 2104D 萬用拷克機

PART 3

How to make

工欲善其事，必先利其器，用對工具不僅可以事半功倍，更能愉悅享受縫紉的樂趣!臺灣喜佳自有品牌NCC不僅有縫紉機、開發設計獨家的專屬布料，同時也有許多適合初學者使用的工具，讓您輕鬆享受縫紉，自在創作！

- 本書作品作法尺寸、紙型縫份尺寸，請依各頁面標示製作。
- 本書縫紉用語因作者教學習慣略有不同，敬請見諒。

NCC品牌故事

採集生活新創意

New Creative Collection For Life

喜佳自有品牌NCC提倡新縫紉概念，讓更多喜好創新的朋友，能將生活的態度及想法，經由縫紉充分表達個人的巧思及創意，輕輕鬆鬆賦予生活全新的感動與滿足，這就是NCC品牌 對縫紉生活的新創意！

縫紉基本工具介紹

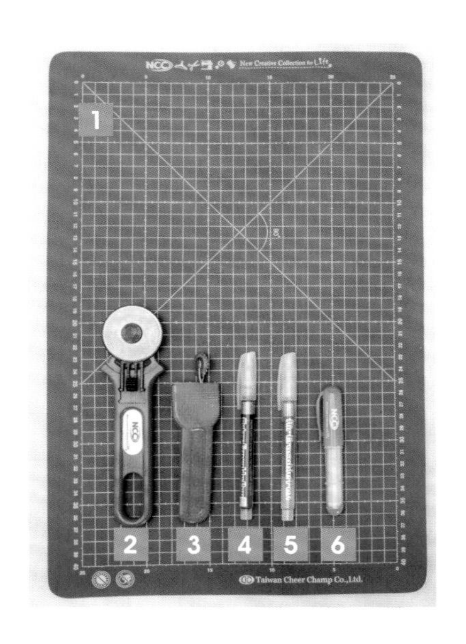

1.NCC裁墊（60×45cm）

・裁切專用墊，平時可當墊板或是滑鼠墊，裁剪時可直接作業，不怕傷到桌面。
・裁墊上的格紋設計，方便裁剪和劃線時使用。
・請勿凹折，可捲式收納並請放置陰涼處，避免變形。
・可搭配裁刀及裁尺一起使用。

2.NCC裁刀（45mm）

・慣用右手、左手都可以，具有不使用時可收回刀片的安全裝置，可切割多層材質，如合成塑膠片、布料、皮革、紙張。
・比剪刀更簡易的裁切工具，是拚布、縫紉手作及手藝的最佳幫手，就算多層布料都可以輕易裁切直線或是曲線。
・刀刃長時間使用不利時，更換刀片也非常輕鬆簡易。

3.NCC點線器

・適用於布用複寫紙。
・用於壓痕及各種標記。
・具有防滑把設計及滑順滾輪

4.NCC氣消筆（紫色）

・記號暴露於空氣中一段時間後即會自然消失的記號筆（消失時間約半天至10天），記號消失的時間因溫度、濕度、筆壓及材質不同而有所差異，如需熨燙，請於記號消失後再熨燙。

5.NCC水消筆（粉紅色）

・需用水消除的記號筆，因記號不會自然消失，適用於縫紉、壓線或刺繡需長時間作業的時候使用。

6.NCC粉式記號筆

・筆式造型輕鬆好握，筆頭為齒輪狀，筆端較薄的設計易於看到所畫的線，輕輕滑動即可畫出細線條，有多種顏色可以選擇，輕輕一拍即可消除記號。

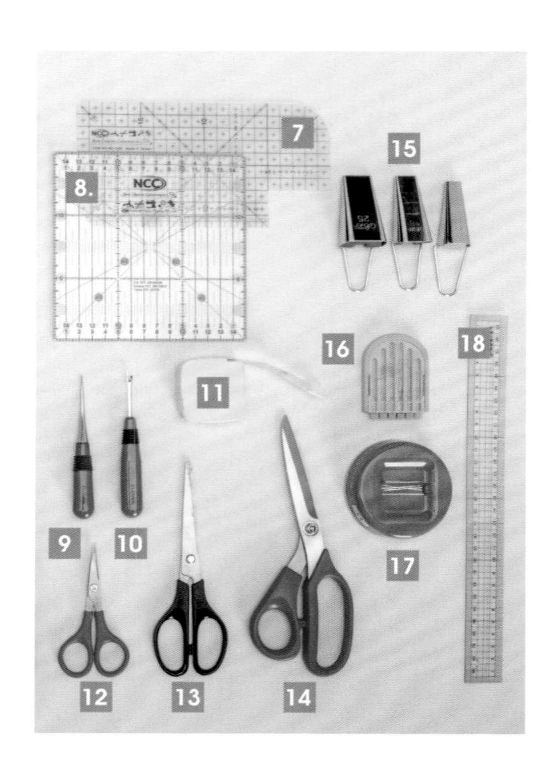

7.NCC縫份燙尺

・不怕燙的定規尺，利用特殊的耐熱素材，並標註縫紉尺寸。
・熨斗用定規尺，將繁瑣的縫紉燙折動作簡化，可以一邊測量所需要的縫份，一邊燙折動作，更能準確地燙出所需的縫紉。
・無論是使用在裙（褲）擺或是袋口的燙折，熨斗用定規尺是最佳的幫手。
・尺邊圓弧造型，可利用於弧度的縫紉燙折，針對下擺前垂份特別好用。

8.NCC裁尺（15×15cm）

・黃色上加黑色的兩色刻度，深色布料也清楚可見。
・不論是拼布、縫紉的製圖，畫記號線或是量尺寸，都是便利的好工具。

9.NCC紅柄錐子

・錐子尖頭較滑順，可用於織品、布料或是皮革上穿孔，也是袋角整型及製作玩偶時便利工具。

10.NCC紅柄拆線器

・尖頭上的紅色安全球在移動針跡時可以保護布料。

11.捲尺

・捲尺長度約150cm，無論是製作洋裁或是縫紉拼布都適用，小巧方便可隨身攜帶，往中間一壓，捲尺可立即收回。

12.NCC 4吋小剪刀

・NCC才藝剪刀，最人性化設計，最適合縫紉及拼布手作使用，修剪線頭或是打牙剪非常便利、輕巧、耐用、不易生鏽！

13.剪刀

・紙類專用剪刀，請勿使用剪布剪刀來剪紙類。

15.NCC滾邊器

（25mm・18mm・12mm）

・拼布、縫紉手作作品基本工具，適用於製作袋物、壁飾、小物之滾邊條。

17.NCC磁性針座

・特殊的金屬吸鐵材質，可輕鬆收納散落的針。
・圓形設計符合人體工學，0.5公斤的超值重量成為固定布料的好幫手。
・可快速吸熱搭配與熨斗同時使用，可加強熨斗熱壓的效果。

14.NCC防布逃剪刀

（21cm・24cm）

・NCC才藝剪刀，最人性化設計，最適合縫紉手作、拼布及洋裁使用。
・輕巧、耐用、不易生鏽！
・刀刃的細小鋸齒設計，讓您在裁剪布料時能準確的抓牢，降低剪歪的情形。
・產品小知識：刀刃上使用螺絲組合，鬆緊可自行調整。（一般剪刀以鉚釘組合，無法隨意調整鬆緊，鬆了便無法繼續使用）

16.綜合車針

・內含6種不同功能的針，滿足作縫紉或是拚布的各種手縫技巧使用，盒裝設計好收納，是學習者必備的工具之一。

18.多功能便利定規尺（40cm）

・測量尺寸、畫紙型或是畫縫份必備的基本工具，刻痕印刷優良，不會因為長期使用而刻度磨損不見，不論是淺色或是深色刻度都
一清二楚。
・材質柔軟可彎曲測量，厚度較薄畫記號時可與布料穩合，尺尖特殊造型設計可畫出45度角。
・0.7cm縫紉記號刻度，是拚布製作者最便利的工具。

以上商品歡迎至臺灣喜佳全台縫紉生活館及專櫃，
或上喜佳網購中心https：//www.cheermall.com.tw/購買。

PART 3

How to make

向陽花兒衣物收納包

| P.29 | 紙型 B面 | 設計＆製作／李潔萍老師 |

材料準備

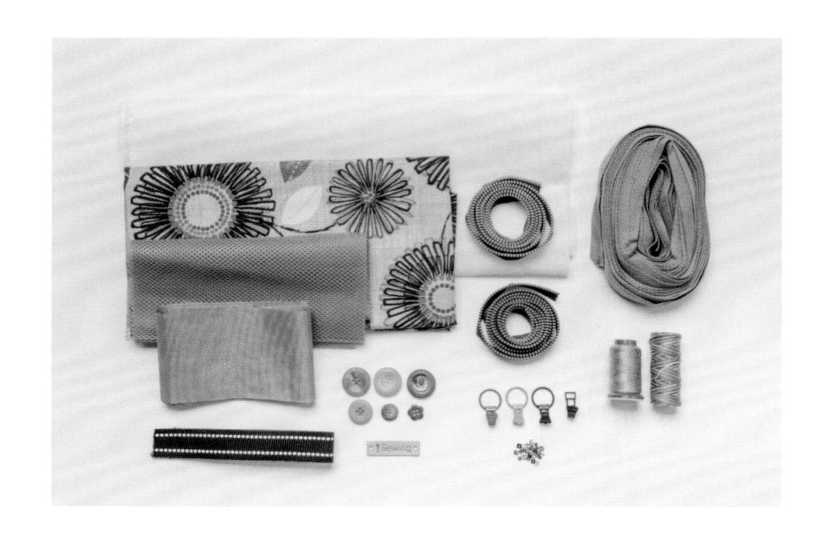

輕挺襯1捲
創意拉鍊4包
彩色拉鍊頭3包
網眼布1包
人字織帶40尺
凱爵尼龍布3尺
表布3尺
標籤1個
鄉村繡線2色
雙色織帶1尺
造型釦
繡線珠子亮片少許

運用工具

裁切3件組・大小剪刀・錐子・平待針・記號筆・消失筆・縫份強力夾・手縫針線・水溶性雙面膠・拉鍊壓布腳

裁布尺寸說明 ★作品尺寸・紙型已含0.7cm縫份

1. **前袋身表布**：棉麻布＋輕挺襯依紙型各1片
2. **後片袋身及夾層布、尼龍布**：依紙型共4片
3. **側身上拉鍊布**：8.5×104cm、棉麻布1片＋尼龍布2片
4. **側身下底布**：9.5×30cm，棉麻布1片＋尼龍布2片
5. **網狀布**：21×37cm 3片（內口袋）・25×37cm 3片（內口袋）

How to make

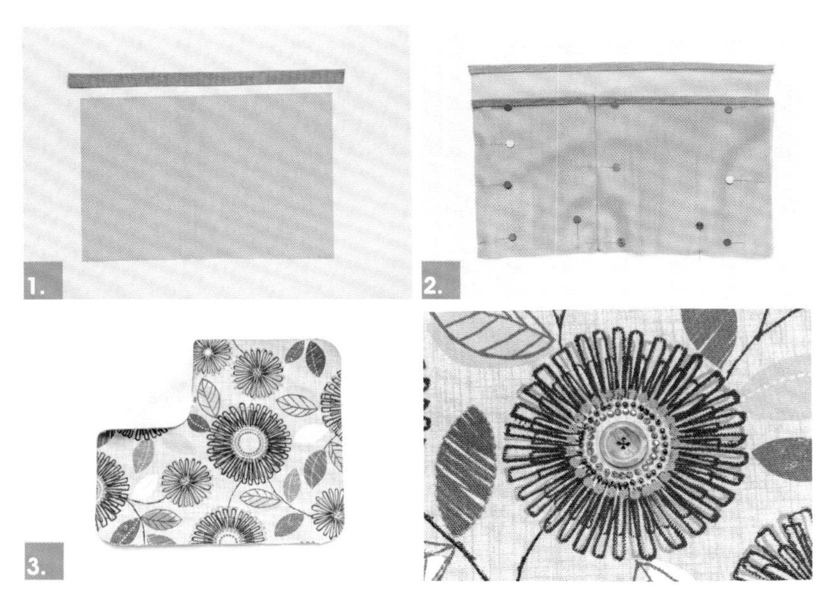

1. 剪網狀布、人字織帶各一片。
2. 內袋網狀布先以人字織帶進行包邊處理，車縫裝飾線0.2cm，再依個人喜好車縫隔間處理。
3. 前後袋身表布燙上輕挺襯，縫上珠珠、亮片、鈕釦。

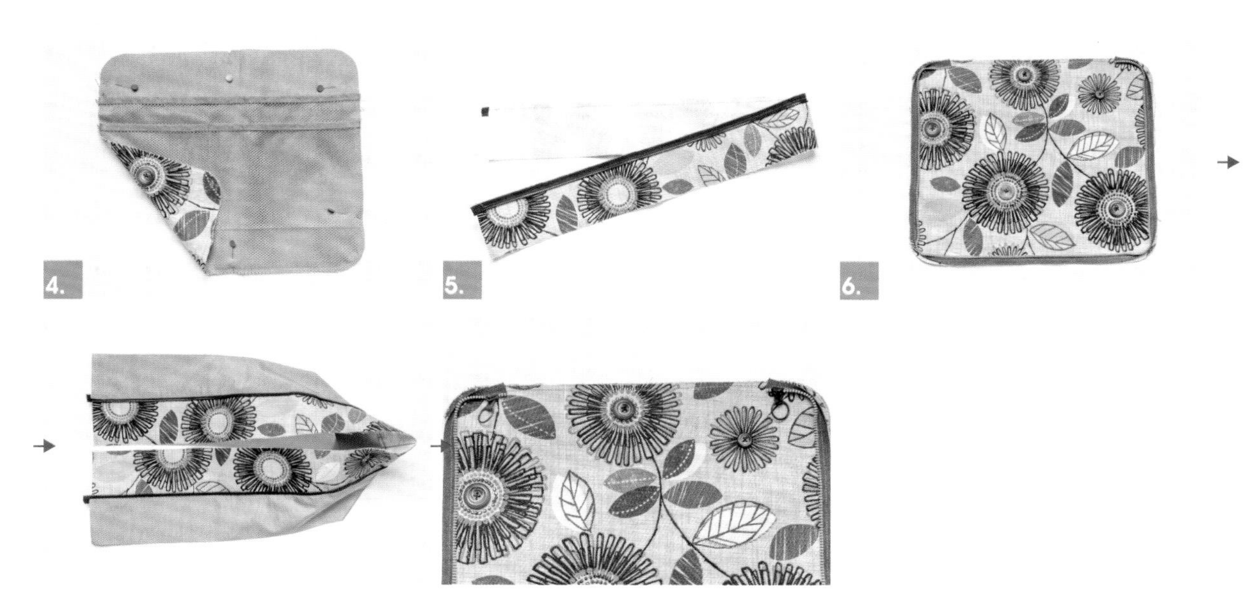

4. 與網狀布裡袋身背面相對，疏車一圈。
5. 側身與拉鍊106cm固定，兩端1cm不車縫，換拉鍊壓布腳，三層夾車後，正面車裝飾線0.2cm。
6. 前片棉麻袋身以水溶性雙面膠固定創意拉鍊後，換拉鍊壓布腳車縫ㄇ字形固定，再裝上彩色拉鍊頭。

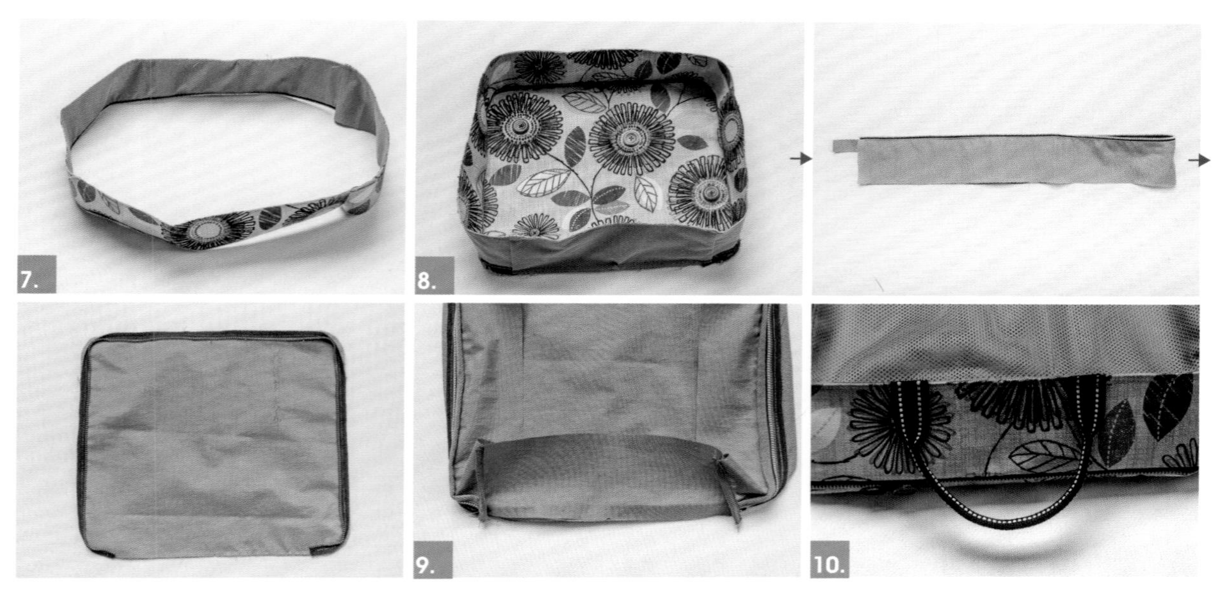

7. 側身拉鍊上片與側身袋底，表裡夾車兩側、短邊，成圓桶狀一圈。
8. 前片棉麻袋身手縫固定創意拉鍊後，換拉鍊壓布腳車縫，裝上彩色拉鍊頭，再與表側身棉麻布組合完成一體。
9. 尼龍布與表布作法相同，取創意拉鍊長106cm2段，其中1段與尼龍布上片側身車縫壓線0.2cm。
10. 尼龍布後片袋身與裡布背面相對一圈疏縫後，再取拉鍊106cm， 車縫ㄇ字形（由後片正面先疏車拉鍊106cm）。
11. 裝上彩色拉鍊頭後，車縫袋底兩側短邊，後片袋身也組合完成一體。
12. 取2.5mm織帶28cm，固定前袋身上中心各5cm。

15.

13. 尼龍布後片袋與中間夾層布，以縫份強力夾固定疏縫車縫一圈。
14. 前袋身與後袋身正面相對套入疏縫後，夾車一圈，最後取人字織帶包夾車內袋身所有毛邊處。
15. 翻回正面並固定布標，即完成。

How to make

向陽花兒化妝包

| P.30 | 紙型 B面 | 設計＆製作／李潔萍老師 |

材料準備

創意拉鍊1包
彩色拉鍊頭1包
人字織帶3尺
網眼布
凱爵尼龍布
表布
造型釦
繡線
珠子
亮片少許
標籤一個
拉鍊皮片

運用工具

裁切3件組・大小剪刀・錐子・平待針・記號筆・消失筆・縫份強力夾・手縫針線・水溶性雙面膠・拉鍊壓布腳

裁布尺寸說明 ★作品尺寸・紙型已含0.7cm縫份

1. **上方布**4.5×23cm：棉麻布1片＋尼龍布2片
2. **下方布**7×23cm：棉麻布1片＋尼龍布2片
3. **網狀布**：9×23cm 一片
4. **後片身布**：棉麻布＋尼龍布 17×23cm各1片
5. **側身依紙型裁剪**：棉麻布＋尼龍布各1片

How to make

1. 前袋身網狀布以上下剪接布夾車後，車縫裝飾線0.2cm，修剪與後袋身相同尺寸。
2. 後方袋身2片畫出中心位置。側身2片畫出中心位置。

3. 以側身夾車前片袋身網狀布點對點處0.7cm，直角處剪牙口，後片身依相同作法完成。
4. 側身袋底剪接處車裝飾線0.2cm，短邊處正面相對車縫，翻於正面車縫裝飾線0.7cm。

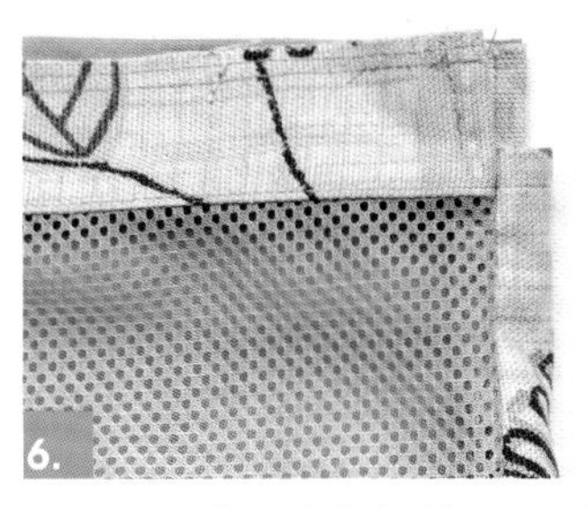

5. 正面車縫袋身組合，修剪縫份剩1/2，再由背面車裝飾線0.7cm縫份包光處理。
6. 側身直角處剪一刀0.7cm，再由正面車縫裝飾線3.5cm。
7. 換裝拉鍊壓布腳，將20cm水溶性雙面膠固定後車縫。

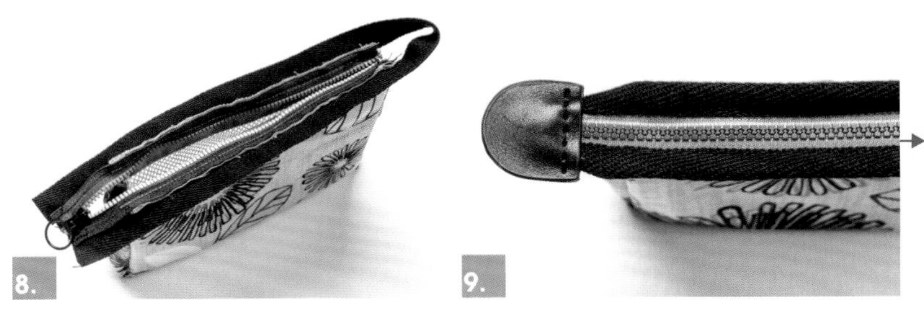
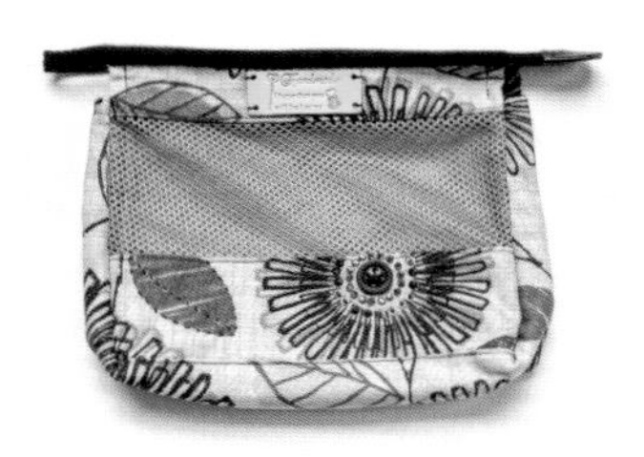

8. 取人字織帶60cm，以縫份強力夾固定後，車縫U字形，持出10cm手勾環。
9. 以手縫縫上拉鍊皮片，即完成。

P
A
R
T
3

How to make

向陽花兒置鞋袋

P.32 設計＆製作／李潔萍老師

材料準備

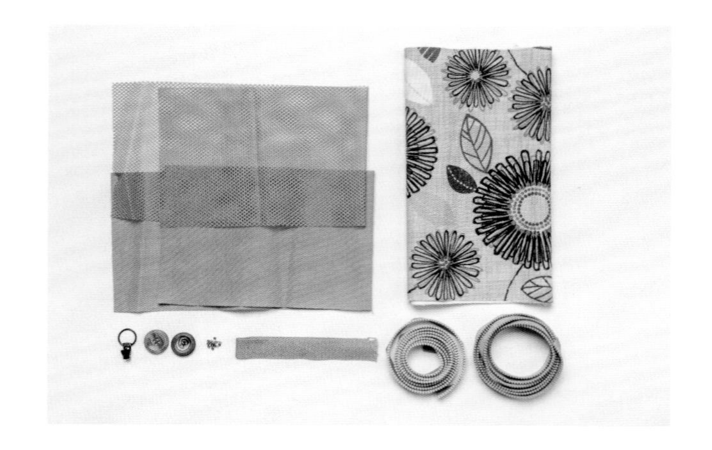

創意拉鍊1包
彩色拉鍊頭1包
人字織帶1尺
網眼布
凱爵尼龍布
表布
造型釦
繡線
珠子・亮片少許

運用工具

裁切3件組・大小剪刀・錐子・平待針・記號筆・消失筆・縫份強力夾・手縫針線・水溶性雙面膠・拉鍊壓布腳

裁布尺寸說明 ★作品尺寸・紙型已含0.7cm縫份

1. 棉麻布27×50cm1片
2. 尼龍或網狀布15×50cm1片

How to make

1. 取印花布27×50cm一片，與尼龍或網狀布15×50cm 接縫後，縫份倒上，車縫0.2cm裝飾線。
2. 取創意拉鍊40cm，與水溶性雙面膠固定，換拉鍊壓布腳車縫後，壓裝飾線0.2cm。

3. 將提把30cm固定於中心處左右3cm處，裝入彩色拉鍊頭（頭尾以手縫固定）。
4. 側身中心兩側往中心推進4 cm，表布完成左右各8 cm， 上下正面車縫0.5 cm。

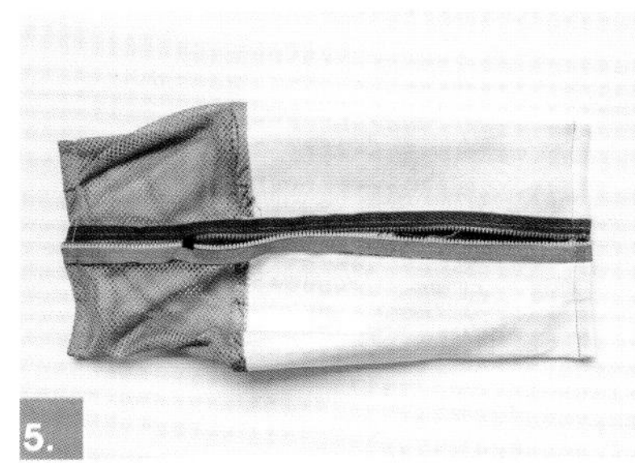

5. 翻到背面車縫0.7cm。
6. 翻回正面即完成。

How to make

向陽花兒 束口包

P.34 設計＆製作／范春蓉老師

材料準備

表布2尺
尼龍布2尺
輕挺襯1捲
四色棉繩9尺

運用工具

裁切三件組・布用剪刀・錐子・強力夾・珠針

裁布尺寸說明 ★作品尺寸已含0.7cm縫份

1. **輕挺襯**：表布16×66cm1片、16×25cm2片
2. **輕挺襯**：裡貼邊5×16cm4片
3. **表布**：取裁剪好的輕挺襯燙至布料上取圖後，預留四周縫份1cm後裁剪。
4. **表布**：裡貼邊裁7×18cm4片，取裁剪好的裡貼邊輕挺襯，置中燙至布料上。
5. **表布**：束口布條5×65 cm1條
6. **尼龍布**：裡布18×22cm2片、18×58cm1片，裡口袋15×23.5cm2片

How to make

1. 表布以點對點方式車縫1cm成十字形（※注意圖案方向）。
2. 束口布條摺燙後，自正面車縫0.2cm裝飾線，裁剪成8cm共8條，中心左右間距3cm固定於袋口處。
3. 表袋底轉角處剪牙口，側身正面相對車縫，完成4邊，縫份燙開。

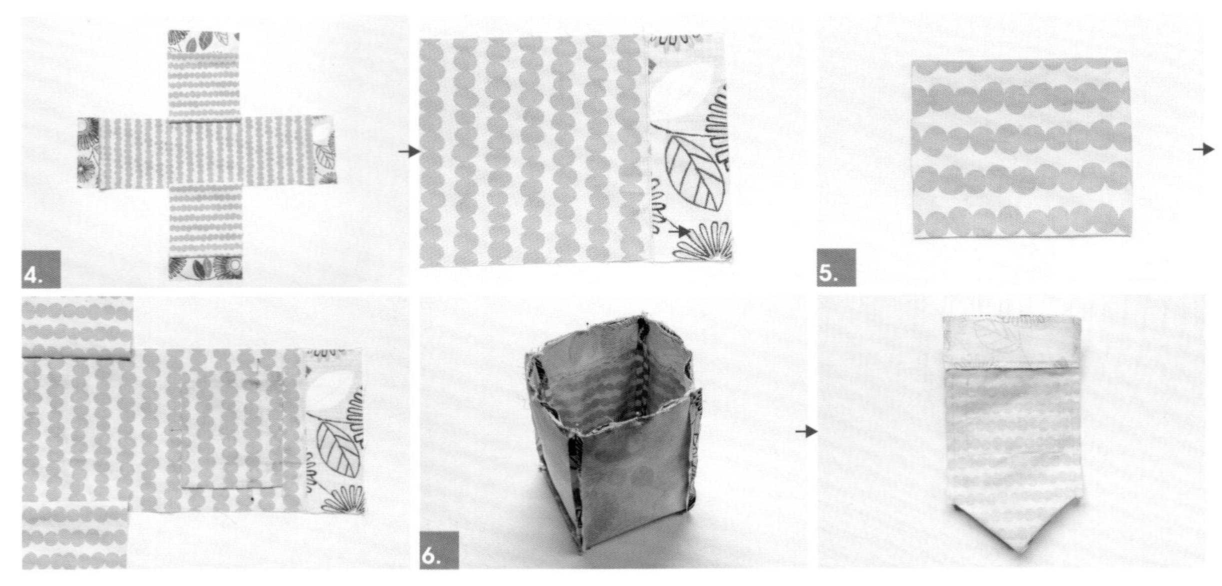

4. 取裡袋與裡袋貼邊車縫1cm，縫份燙開，正面上下壓線0.2cm。
5. 裡口袋正面相對，車縫短邊1cm，留返口後，將接縫線往下2cm，再車縫兩側，剪完牙口後翻回正面。貼邊線下2.5cm，對齊裡口袋袋口，車縫凵字形，另一側相同作法。
6. 裡袋底轉角處剪牙口，側身正面相對車縫，完成4邊，縫份燙開（一側留返口）。

7. 表袋與裡袋正面相對，車縫袋口1cm，袋口縫份燙開後，由返口翻回正面整燙，以藏針縫縫合返口。
8. 取四色棉繩以束口方式套入束口布中，兩側棉繩打結即完成。

How to make

向陽花兒托特包

| P.36 | 紙型 A面 | 設計＆製作／范春蓉老師 |

材料準備

表布2尺
水洗帆布2尺
尼龍裡布3尺
38mm織帶9尺
輕挺襯1支
拉鍊20cm1條

運用工具

裁切工具組・剪刀・記號筆・定規尺・珠針・強力夾・紅柄木錐・拆線器・拉鍊壓布腳

裁布尺寸說明 ★作品尺寸・紙型已含縫份1cm

1. **表布**：袋身表布依紙型裁剪1片＋輕挺襯
2. **表布**：前口袋表布依紙型裁剪1片＋輕挺襯
3. **表布**：貼邊表布6×84.5cm1片
4. **水洗帆布**：袋身依紙型裁剪1片＋輕挺襯
5. **水洗帆布**：側身13×98.5cm→1片＋輕挺襯
6. **尼龍裡布**： 袋身裡布依紙型裁剪2片
7. **尼龍裡布**： 前口袋依紙型裁剪1片
8. **尼龍裡布**： 側身13×98.5cm1片
9. **尼龍裡布**： 拉鍊口袋布25×41cm1片
10. **尼龍裡布**：掛袋19×36cm1片

How to make

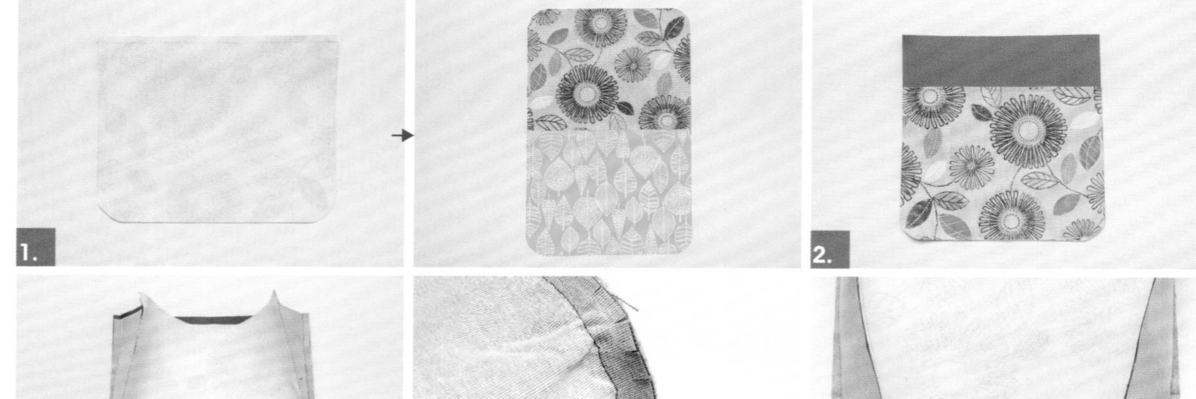

1. 前口袋表、裡布正面相對車縫袋口，縫份倒向裡布壓線0.2cm，翻回正面整燙，袋口壓線0.7cm。
2. 將前口袋放置於水洗帆布袋身，並疏縫車縫固定。
3. 將前、後袋身分別與側身組合車縫，完成袋身。

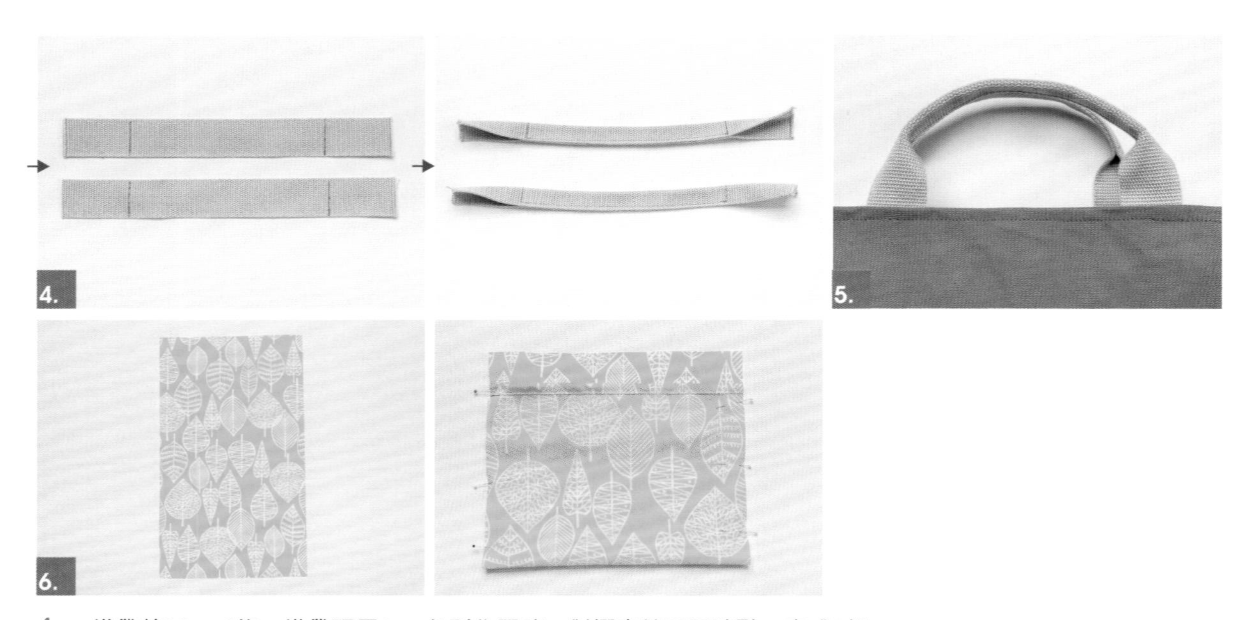

4. 織帶剪30cm2條，織帶頭尾6cm各別作記號，對摺車縫至記號點，完成2組。
5. 將短提把分別固定於前、後袋身中心左右各6cm。
6. 取掛袋布在其中1短邊畫3cm記號線，將另一短邊三摺車縫，再將其正面相對對摺至3cm處，兩側分別車縫，翻回正面壓線0.2cm。

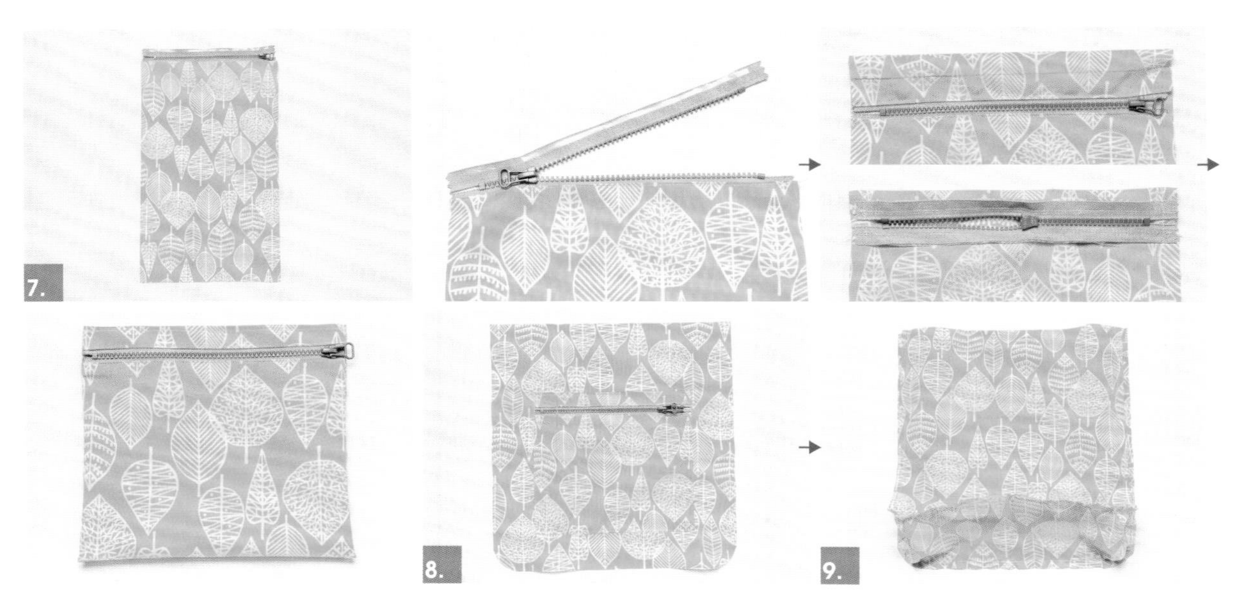

7. 取拉鍊口袋布兩短邊分別與20cm拉鍊車縫，正面壓線0.2cm，拉鍊拉開後，布片正面相對車縫兩側，翻回正面，袋口壓線0.5cm。
8. 再將拉鍊口袋固定於一片裡袋身袋口下10cm車縫ㄩ形。
9. 將裡袋身與側身組合車縫，一邊裡袋身需留一返口。

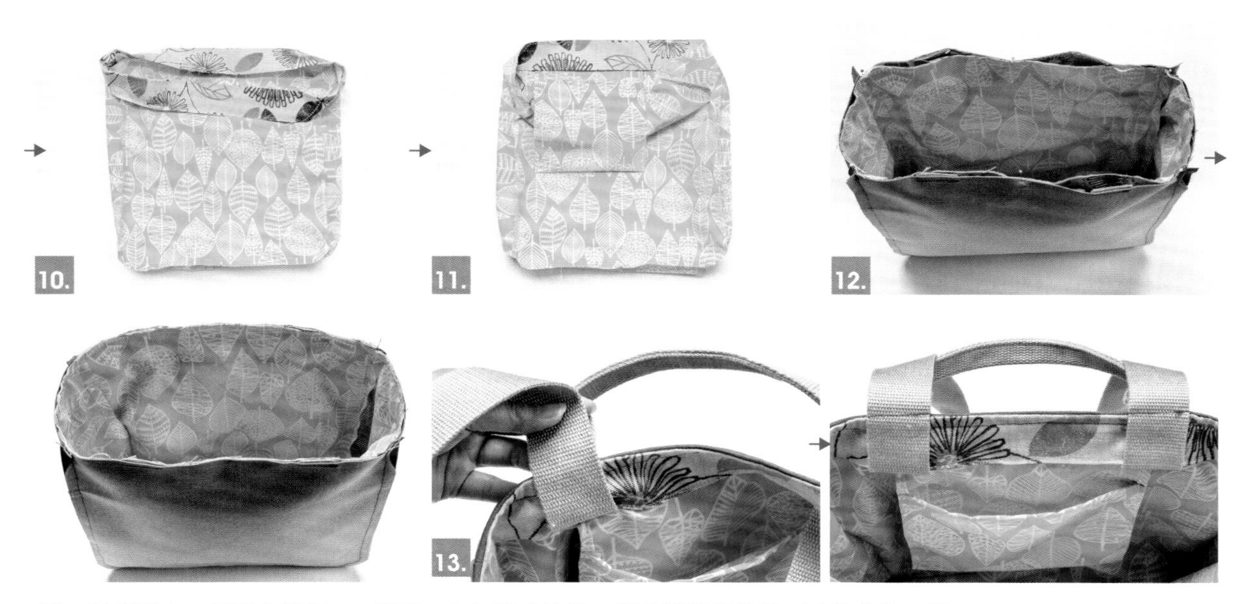

10. 將貼邊布一長邊內摺燙1cm縫份，在短邊處接縫，將貼邊與裡袋袋口疏縫車縫一圈。
11. 將7尺織帶對剪成2條，裡袋中心左右各6cm作記號，分別將掛袋與織帶固定於貼邊內，再將貼邊下緣壓線0.2cm。
12. 將表、裡袋正面相對套合，車縫袋口一圈，翻回正面整燙，袋口壓線0.7cm，再將返口縫合。
13. 將長短提把一起於袋口處車縫固定即完成作品。

How to make

夏之旅 清透後背包

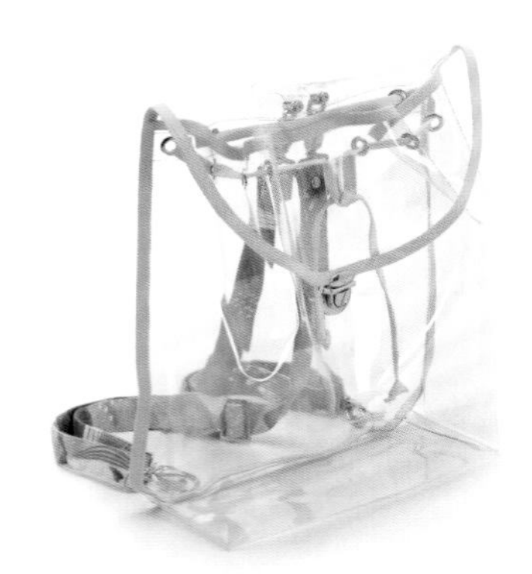

P.39 | 紙型 A面 | 設計＆製作／彭靜慧老師

材料準備

透明布2尺
表布3尺
11號素帆布1尺
尼龍布1尺
厚布襯1碼
羅緞裝飾帶2包
創意組合彩色拉鍊3號1包
創意組合彩色拉鍊頭3號1包
合金勾4個
25mm日型環2個、20mm D型環4個
15mm平雞眼10組
書包釦1組
D型環手挽釘1組
工字皮片2片
10×8mm鉚釘2組、8×8mm鉚釘4組
車線、手縫線、奇異襯

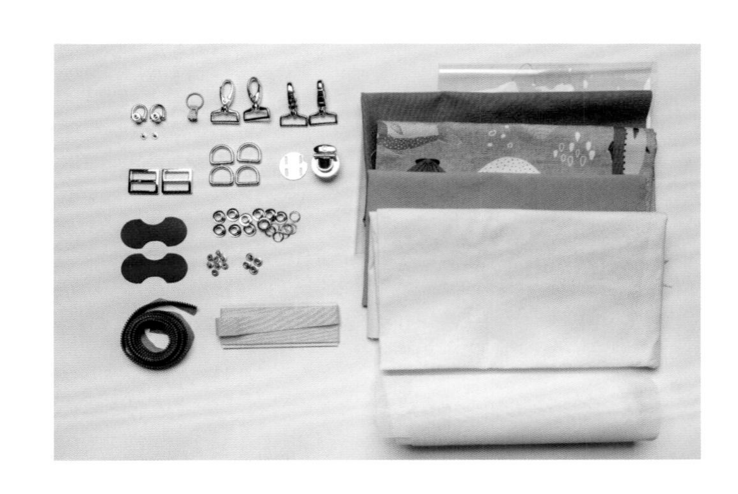

運用工具

布用剪刀・特殊剪刀・強力夾、珠針・水消記號筆・錐子・拆線器・定規尺・手縫針・水溶性雙面接著膠帶・皮革壓布腳・拉鍊壓布腳・萬用壓布腳

裁布尺寸說明 ★作品尺寸・紙型已含縫份1cm

1. **透明布**：前袋身依紙型裁剪1片、後袋身依紙型裁剪1片、提把布2.5×22cm1片、裝飾布2.5×28cm1片、D型環布2×7cm2片、束繩布2.5×7cm1片
2. **表布**：口袋依紙型裁剪3片（1片燙厚布襯，2片不燙襯）、側身依紙型裁剪1片（燙厚布襯）、背帶10×90cm2片
3. **11號素帆布**：前、後袋身依紙型裁剪2片（燙厚布襯）、口袋依紙型裁剪1片（燙厚布襯）
4. **尼龍布**：前、後袋身依紙型裁剪2片、側身依紙型裁剪1片、滾邊條4×70cm2片（斜布紋）

How to make

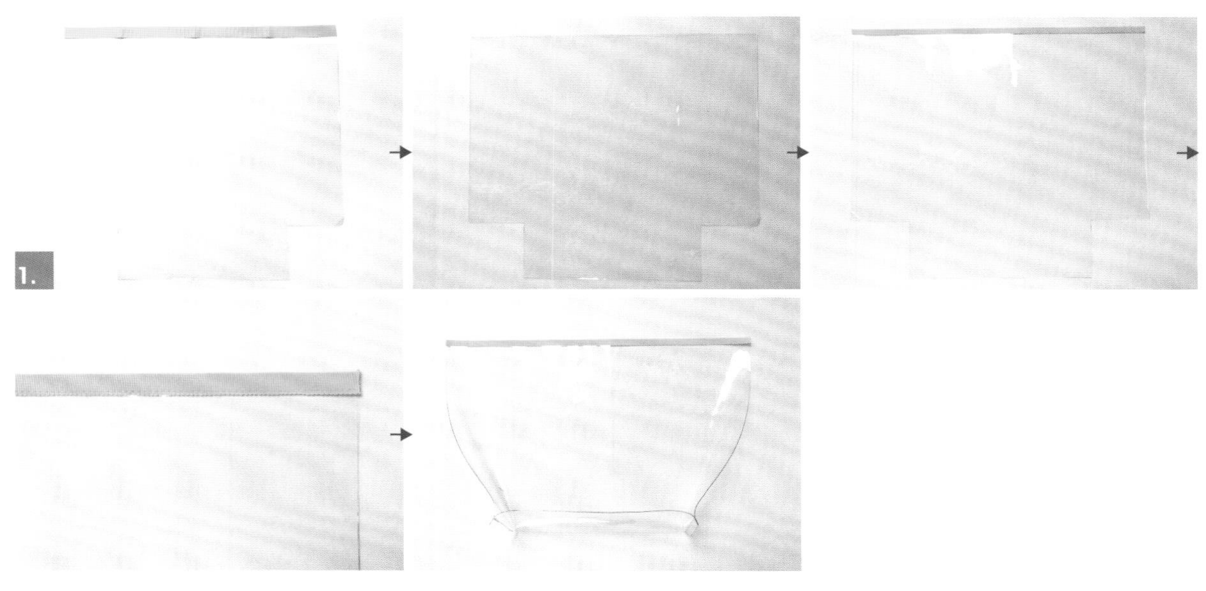

1. 透明布前袋身依紙型裁剪，袋口貼上水溶性雙面接著膠帶取羅緞裝飾帶包邊車縫0.2cm裝飾線，底角對齊車縫1cm縫份。

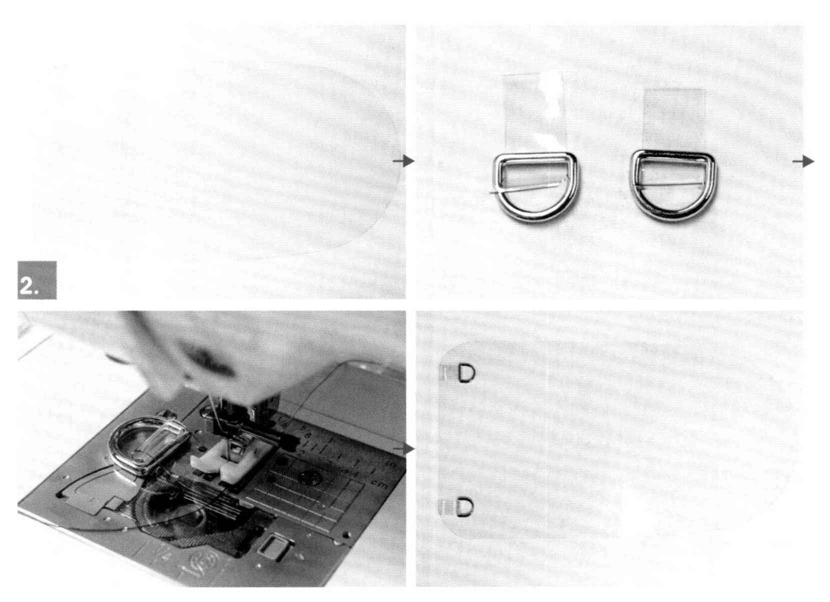

2. 透明布後袋身依紙型裁剪，裁剪D型環布2×7cm套入D型環後，以車縫方式固定於後袋身指定位置。

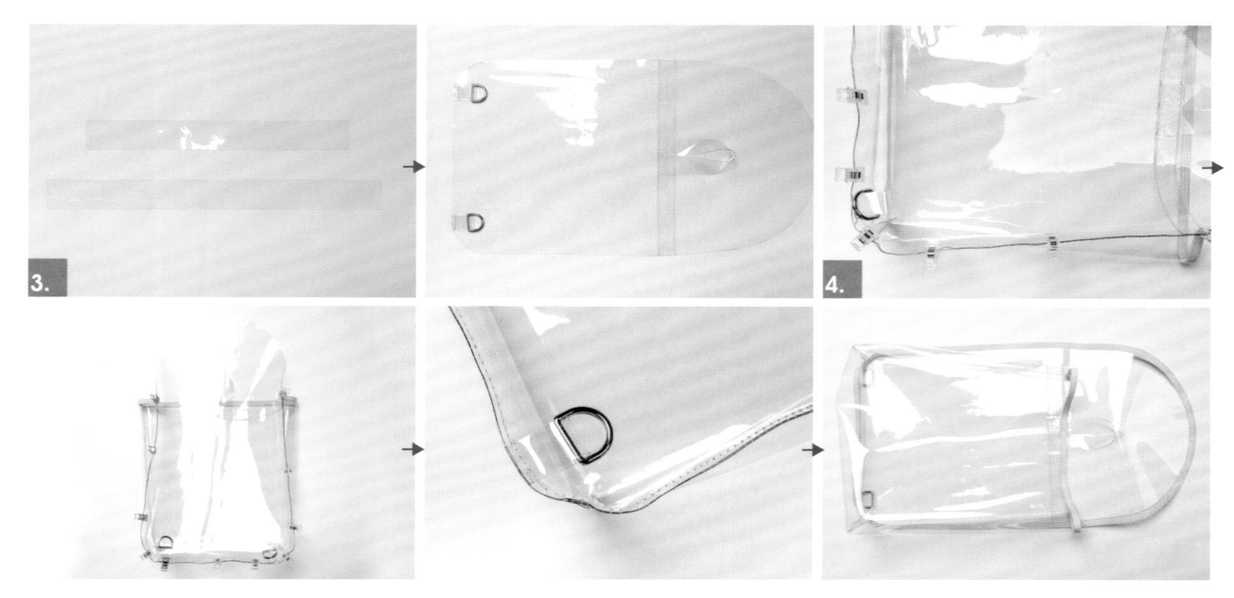

3. 取提把布2.5×22cm放置在後袋身位置，再將裝飾布2.5×28cm重疊提把的指定位置，上下長邊車縫0.2cm兩道裝飾固定線。

4. 前後袋身背面相對車縫組合袋身，取羅緞裝飾帶四周包邊一圈，車縫0.2cm裝飾線。

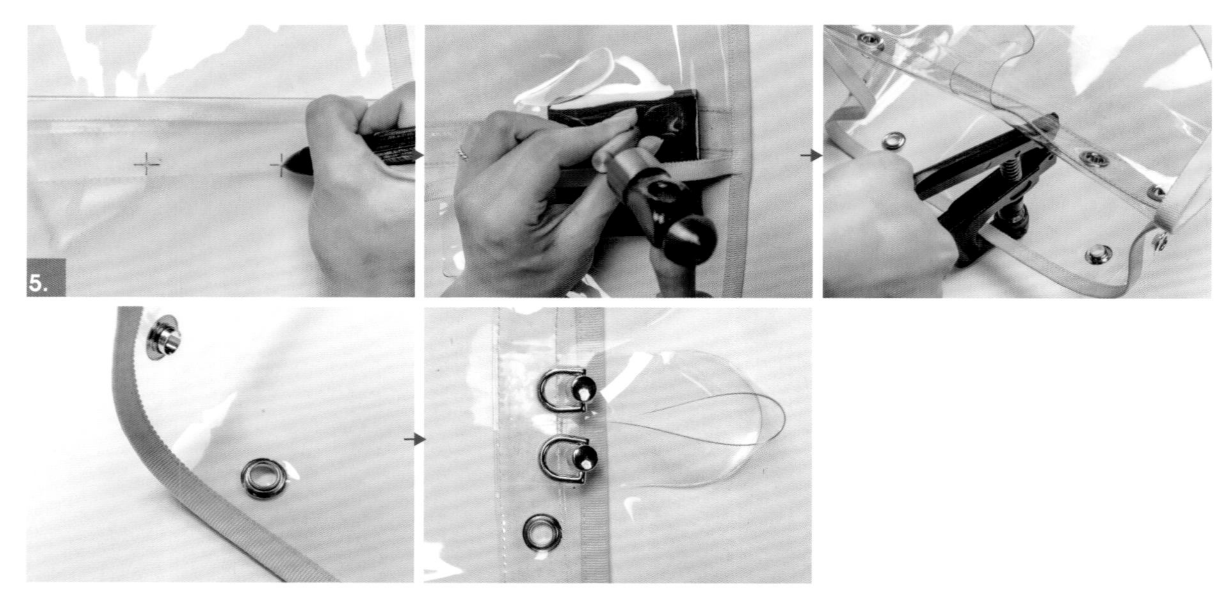

5. 依紙型記號位置分別裝上15mm平雞眼、D型環手挽釘。

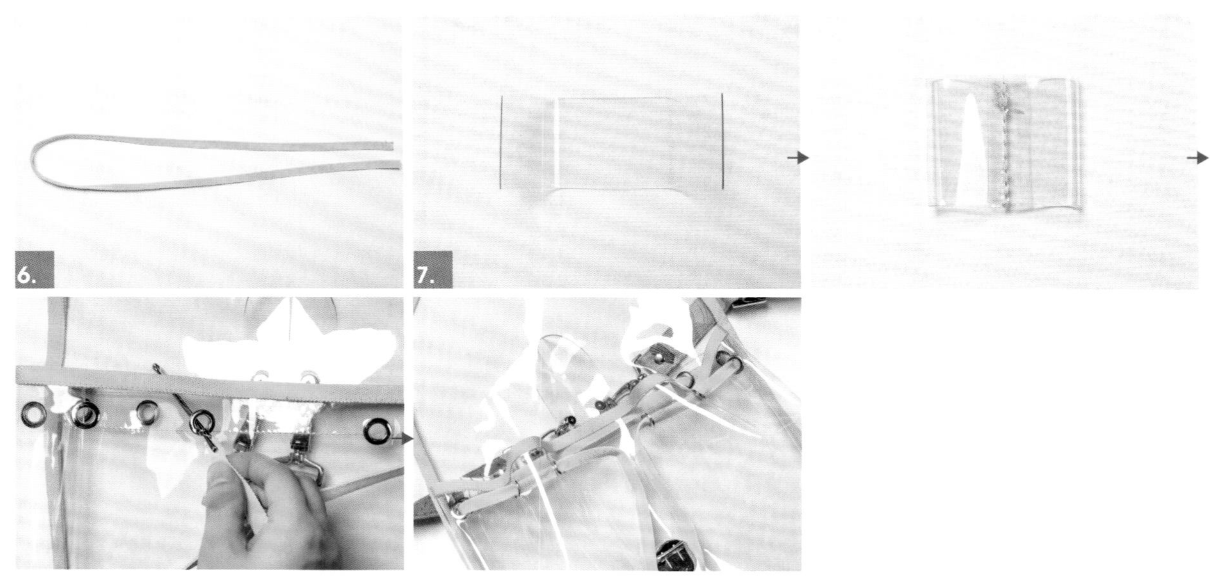

6. 取90cm羅緞裝飾帶對摺開口邊車縫0.2cm裝飾線固定。
7. 束繩布2.5×7cm兩邊往中心對摺重疊0.5cm，中心車縫一道固定線。
將作法6穿入雞眼，套入束繩布後尾端打結固定。

8. 裁剪小片透明布及書包釦，一起裝在袋蓋及前袋身記號位置。
※放入透明布可增加厚度，讓書包釦更易於固定。

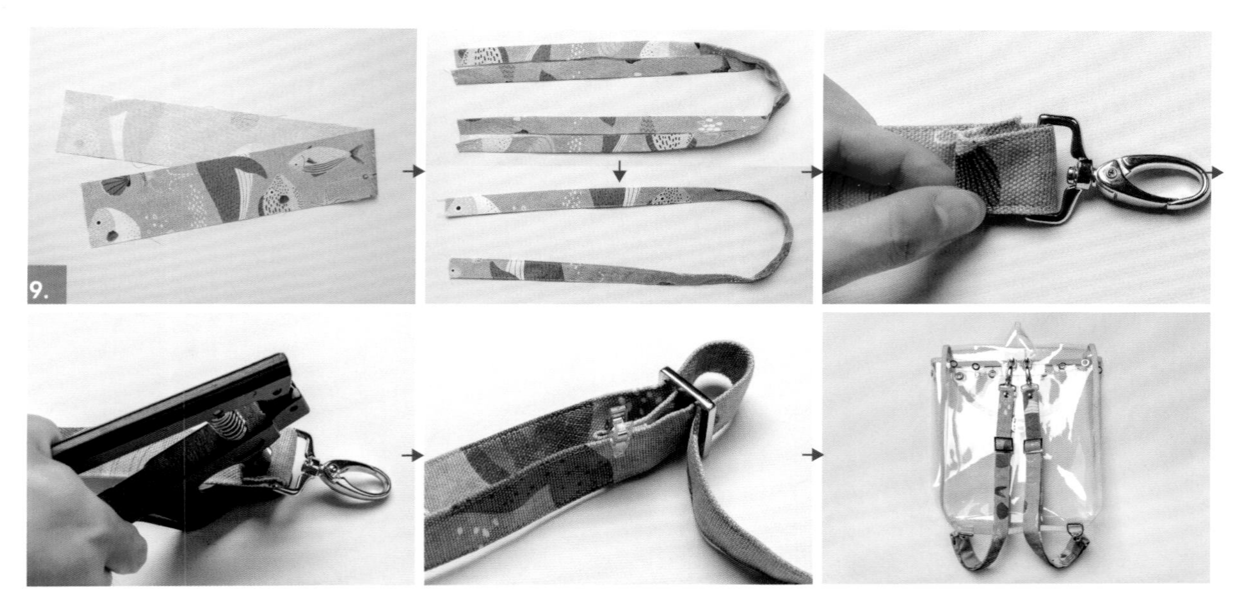

9. 背帶布10×90cm往中心摺燙再對摺，兩邊車縫0.2cm裝飾線，分別套入合金勾及日型環，以鉚釘固定即可。

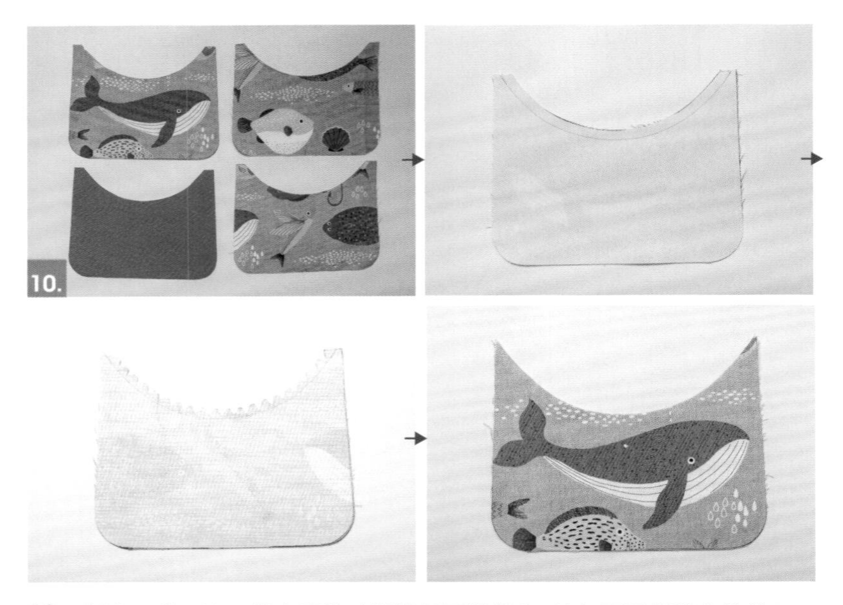

10. 製作口袋：取口袋布兩片（燙襯及不燙襯各1片）正面相對車縫袋口，弧度剪牙口，翻回正面整燙後車縫0.5cm裝飾線。

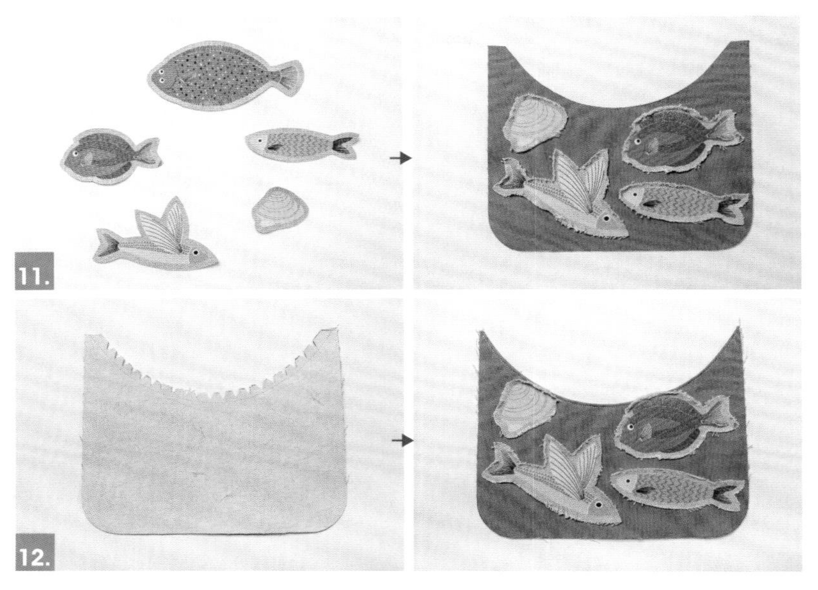

11. 依個人喜好粗裁布料上的圖案，在背面燙上奇異襯，於圖案輪廓外留0.5cm剪下，取另一片素帆布口袋布裁片，將剪下的圖案燙在口袋上，沿圖案輪廓車縫一圈。
12. 再取口袋布（不燙襯）一片與作法11正面相對車縫袋口，弧度剪牙口，翻回正面整燙後車縫0.5cm裝飾線。

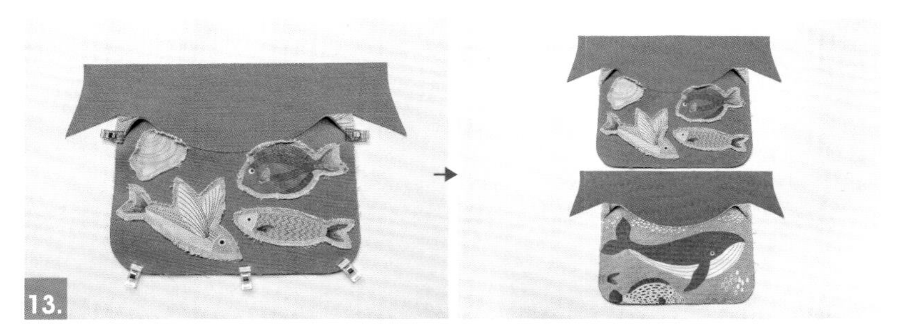

13. 將口袋與袋身底部對齊三邊疏車，口袋左右兩端須反摺至袋身轉角處一起固定。

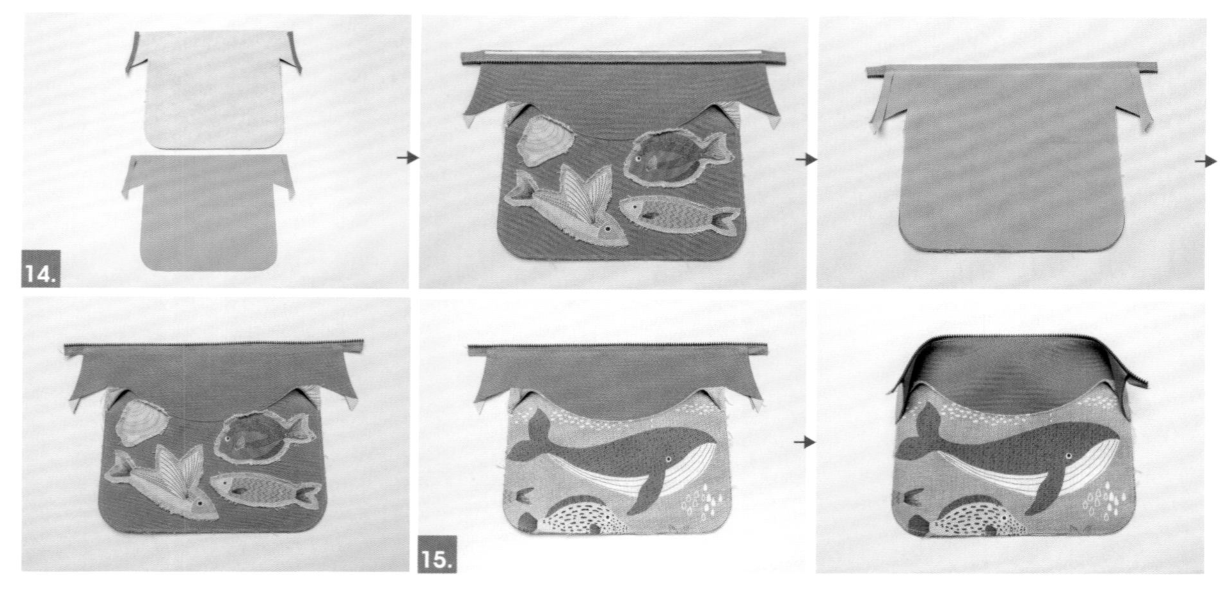

14. 表袋身與裡袋身拉鍊口布的位置左右兩邊先將縫份摺燙1cm，取創意組合拉鍊裁剪36cm兩段，表裡袋身夾車拉鍊，正面車縫0.2cm裝飾線。

15. 表裡袋身四周疏車一圈，拉鍊口布反摺與袋身正面相對先車縫固定。

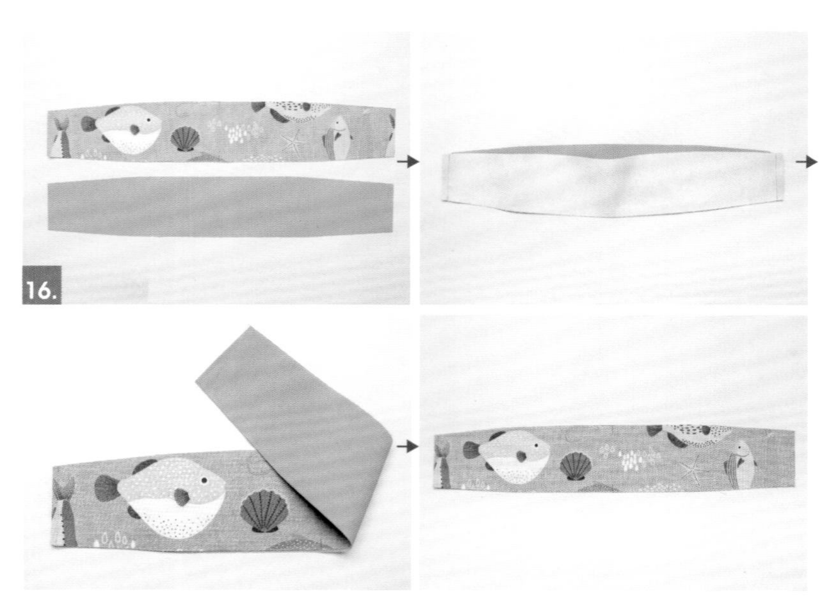

16. 側身表裡正面相對車縫短邊，翻回正面後車縫0.5cm裝飾線。

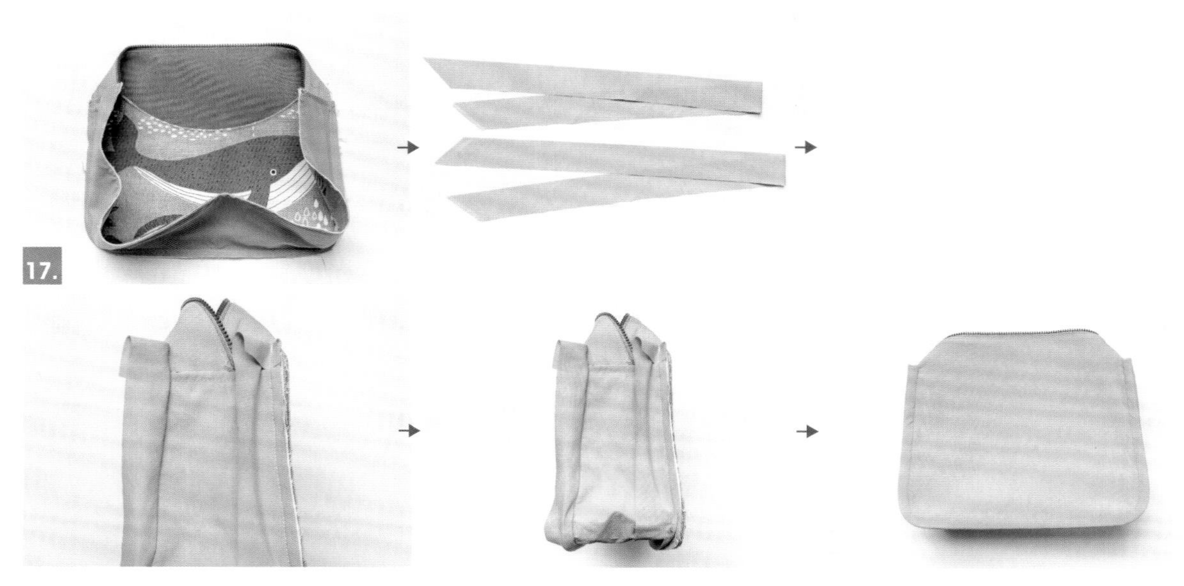

17. 袋身與側身正面相對車縫組合，縫份車縫滾邊條進行包邊，另一面以藏針縫固定。

18. 翻回正面拉鍊裝入拉鍊頭，皮片套入D型環後夾住拉鍊頭尾兩端，再與側身以鉚釘固定。

★依個人喜好裁剪布料的圖案，就可以發揮創意，作出各式各樣的變化，搭配袋物的設計，讓成品更加可愛！

How to make

悠遊城市時尚包

| P.42 | 紙型 A面 | 設計＆製作／賴英琴老師 |

材料準備

表布2尺
裡布4尺
尼龍布1捲
素帆布1尺
皮革布15×10cm
輕挺襯
厚布襯
洋裁專用襯
可車縫底版
創意拉鍊1包
創意拉鍊頭1包
16cm拉鍊1條
三角鋅環一包
拉鍊裝飾皮片
插鎖1組
細棉繩7尺

運用工具

裁切工具組・剪刀・記號筆・定規尺・珠針・強力夾・紅柄木錐・拆線器・拉鍊壓布腳

裁布尺寸說明 ★作品・紙型不含縫份

1. **表布**：表前袋上片依紙型×1片（輕挺襯）布料外加縫份1cm，拉鍊處外加縫份2cm、表前袋下片依紙型×1片（輕挺襯）布料外加縫份1cm，拉鍊處外加縫份2cm、表後袋身依紙型×1片（輕挺襯）布料外加縫份1cm、表側身依紙型×1片（輕挺襯）布料外加縫份1cm、前口袋依紙型×1片（輕挺襯）布料外加縫份1cm、前口袋側身4×45cm1片（輕挺襯2×43cm 1片）、拉鍊檔布3×4cm 4片
2. **裡布**：前後袋身依紙型×2片（厚布襯）布料外加縫份1cm、裡側身依紙型×1片（厚布襯）布料外加縫份1cm、前口袋依紙型×1片（厚布襯）布料外加縫份1cm、前口袋側身4×45cm 1片（厚布襯2×43cm）、前拉鍊口袋裡布28×36cm洋專用襯燙半襯）、後拉鍊口布20×32cm（洋專用襯燙半襯）、裡袋身貼式口袋-36×30cm×2片（洋專用襯燙半襯）、斜布條（內滾邊用）6.5×160cm
3. **尼龍布**：袋蓋依紙型×2片（輕挺襯×1）布料外加縫份1cm、三角鋅環布5×5cm 2片、側身裝飾布5×13.5cm2片
4. **素帆布**：包繩布（斜布條）3×200cm
5. **皮革**：前口袋裝飾布條9×5cm 1片

How to make

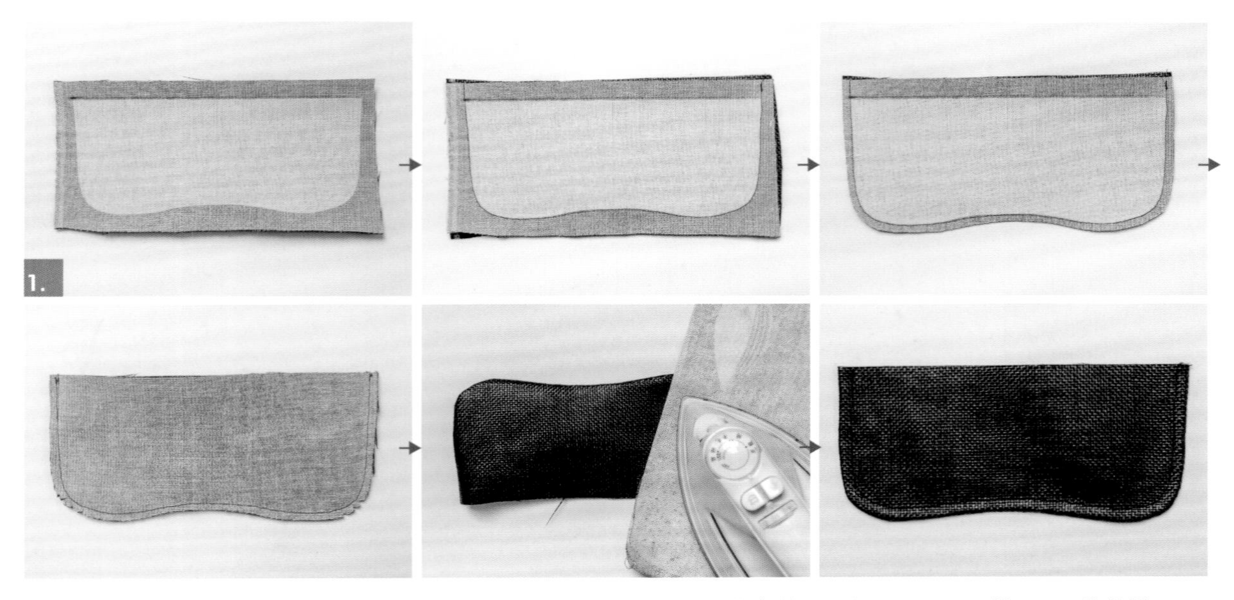

1. 製作袋蓋：表布與裡布正面相對，車縫ㄩ字形。袋口不車縫，彎處剪牙口翻至正面，壓縫0.7cm裝飾線。

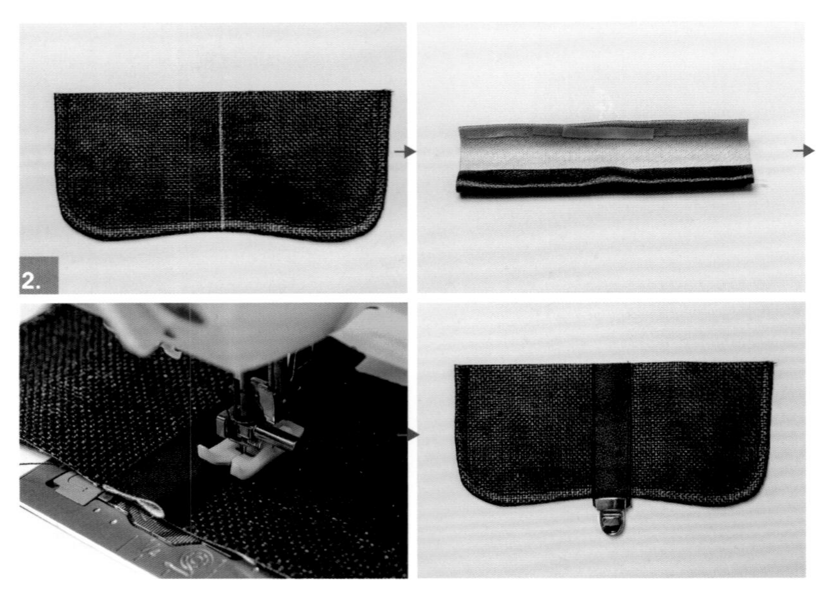

2. 前口袋裝飾布條兩側長邊往中心摺，以水溶性接著膠帶固定，再放於袋蓋中心，上方口對齊左右側0.2cm，將插鎖縫於裝飾布尾端完成袋蓋。

3. 製作包繩：將斜布條接合，換裝包繩壓布腳車縫包繩，取前口袋下1.5cm處將包繩車縫於外圍，再車上前口袋側身，裝上插鎖下方。

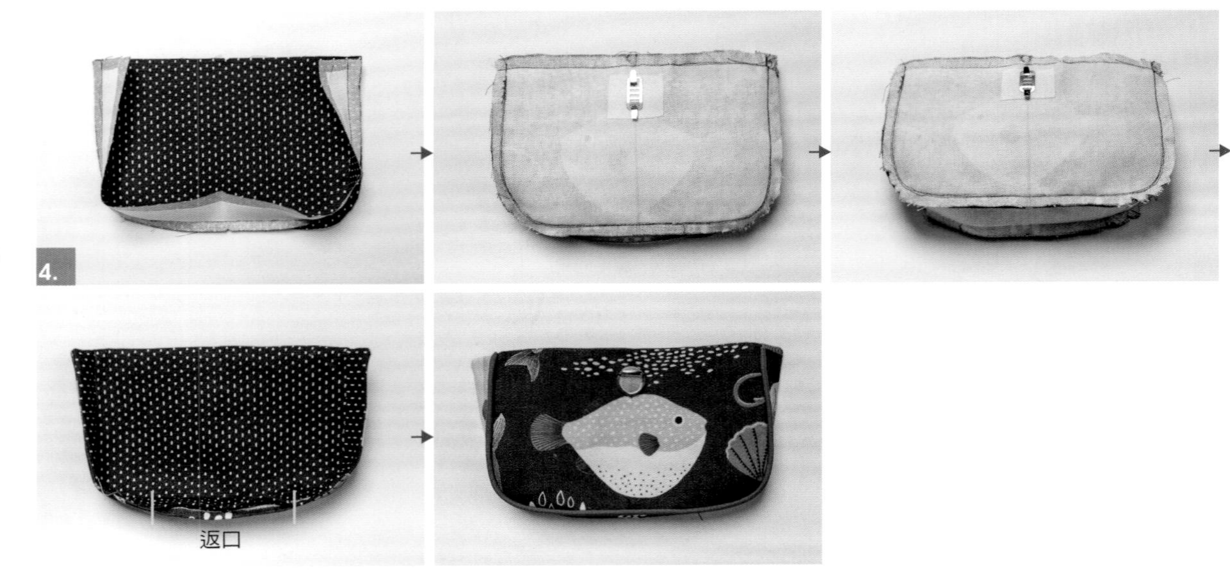

4. 前口袋裡布側身與前口袋表側身作法相同，表裡前口袋正面相對車縫一圈，留一返口8cm翻回正面。

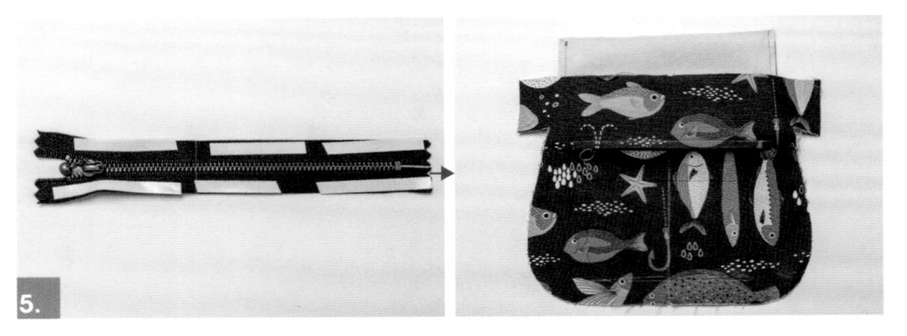

5. 縫合表前袋身拉鍊：取表前袋上片與下片，中心25cm不車縫，車縫兩邊。取25cm 拉鍊放於中心與拉鍊裡布先夾車下片拉鍊，正面車縫0.2cm裝飾線，再將拉鍊裡布往上翻，與上方拉鍊固定，正面車縫1cm冂字形。

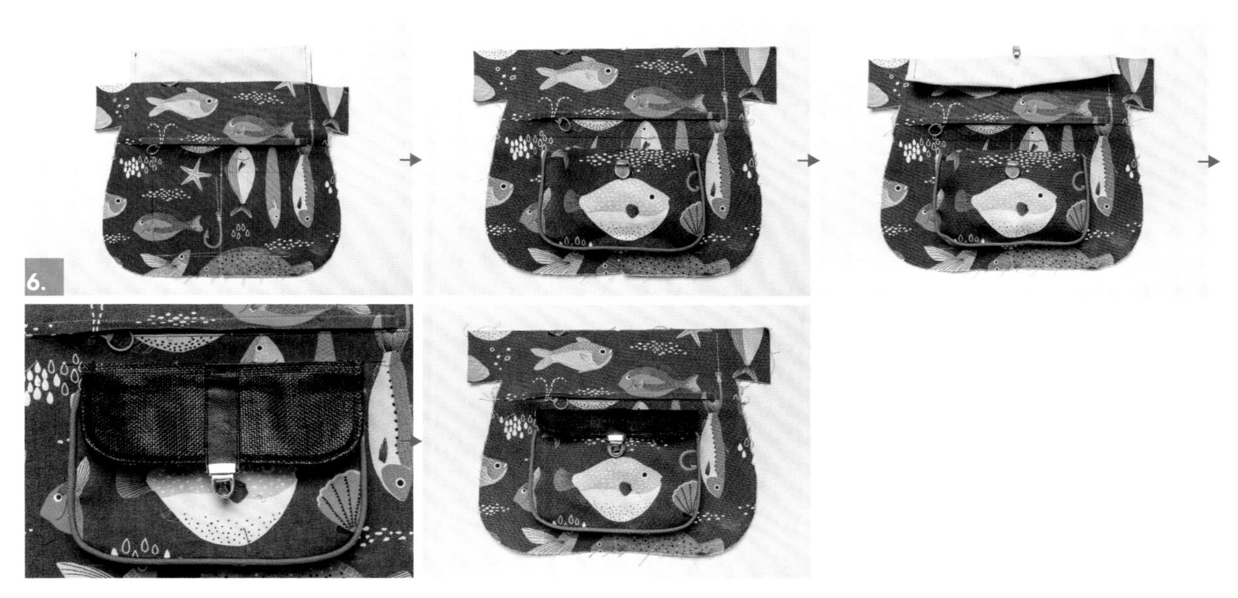

6. 前表袋身畫出袋蓋與口袋位置，將袋蓋放好車縫0.5cm，再往上翻車0.7cm固定，完成袋蓋。
並將前口袋固定於前表袋身位置外圍壓0.1cm車縫固定。

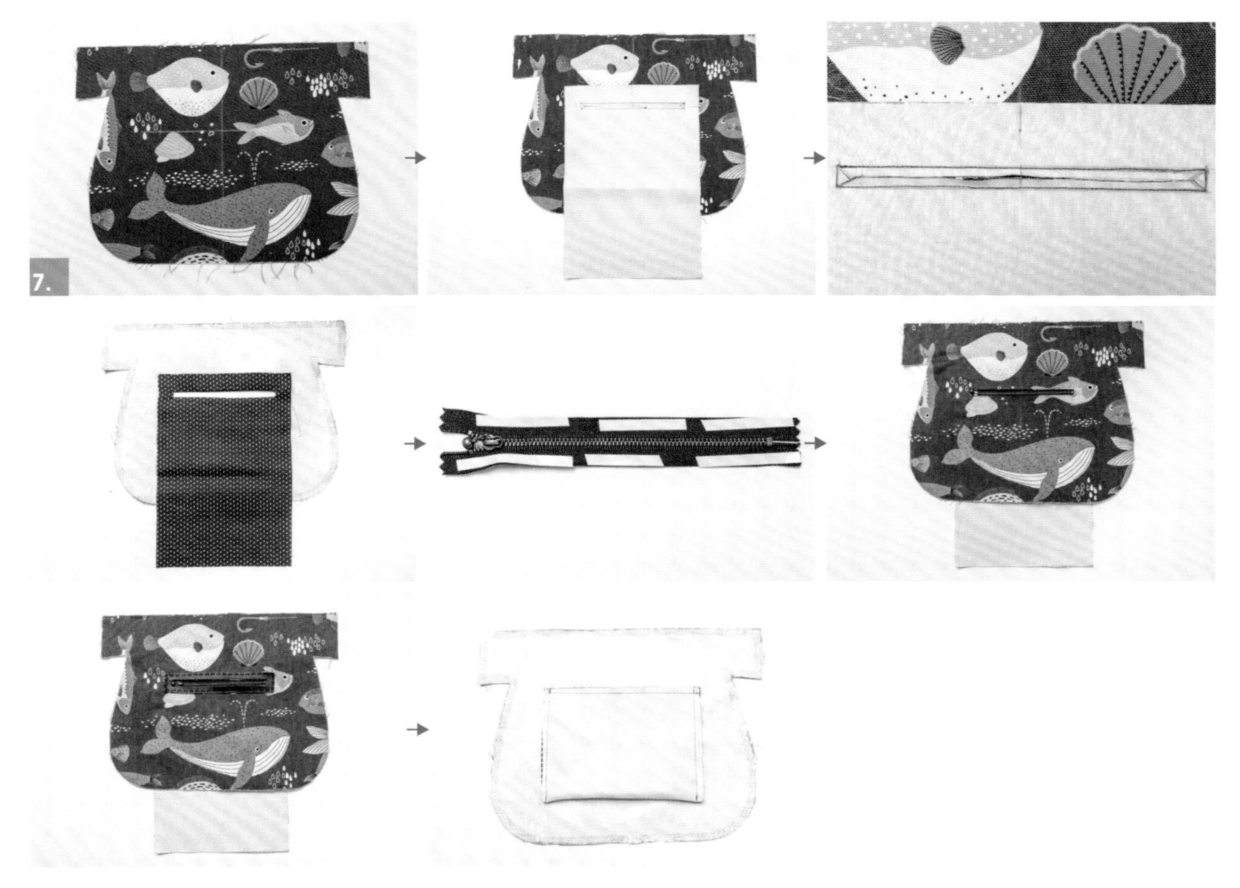

7. 後袋身車縫一字拉鍊、縫上拉鍊裝飾皮。

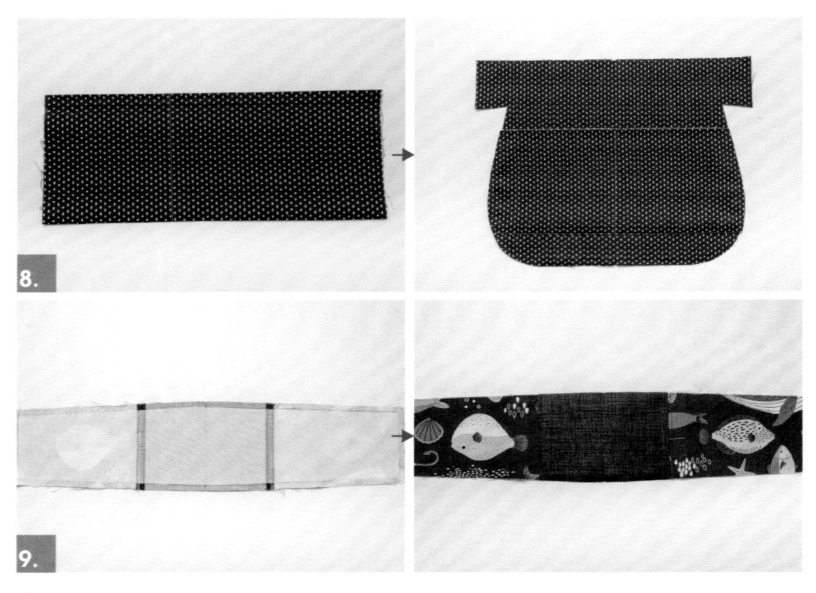

8. 裡袋身口袋長邊對摺車縫，翻至正面、將貼式口袋車於裡袋身袋口下10cm位置。

9. 裡側身先燙厚布襯，中心處再燙上可車縫底板，間隔2cm壓線固定。

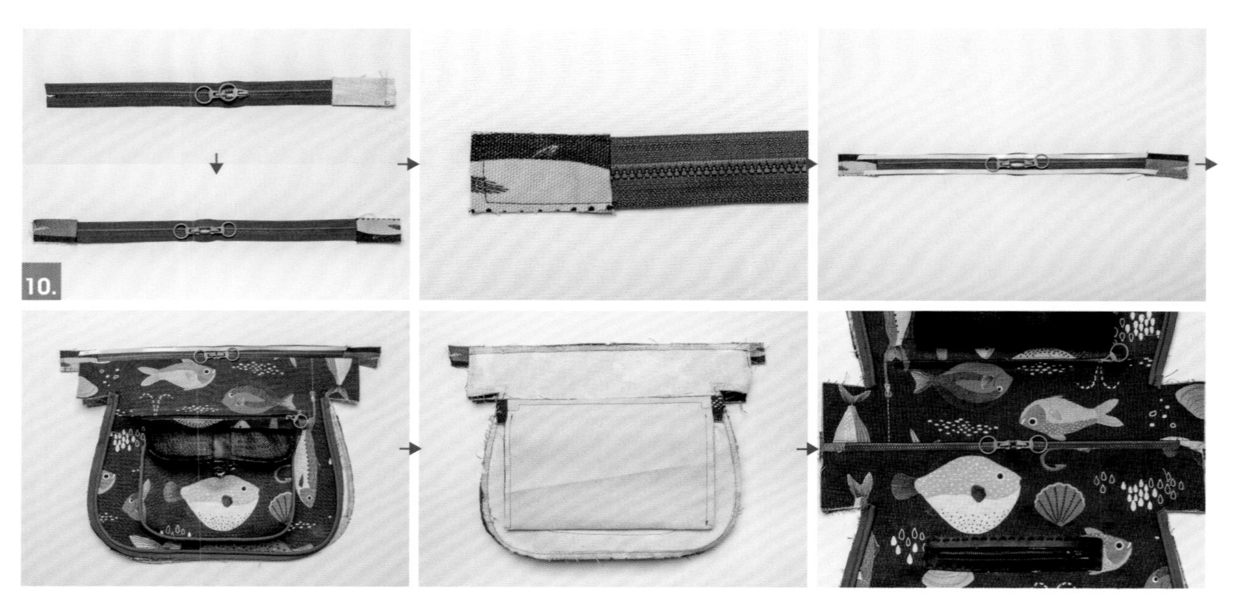

10. 取35cm拉鍊，前後夾車檔布，翻至正面，將拉鍊正面與表袋身固定，再與裡袋夾車，完成兩邊拉鍊，拉鍊兩側車縫0.2cm裝飾線，袋身外圍疏車0.5cm，再車上包繩。

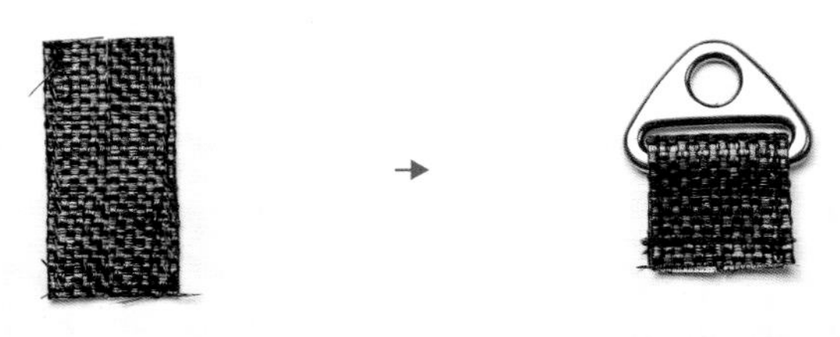

11.

11. 三角鋅環布往中心摺，左右壓0.2cm，套上三角鋅環。側身裝飾布往中心摺好備用。

12.

12. 表側身與表袋身兩側車縫固定，再將裡側身夾車固定。三角鋅環布固定於表側身中心處，表裡側身往內車縫0.2cm固定，再將側身裝飾布車縫固定，釘上鉚釘。

13. 表袋身分別與側身車縫固定，完成前後片，裡袋身滾邊布接縫完成，對摺燙好，與裡袋身外圍滾邊車縫，另一邊以藏針縫固定。

14. 袋口依紙型位置縫上提把即完成。

以同款圖案不同色
系完成另一件作
品，亦可呈現截然
不同的個人風格。

How to make

悠遊魚隨行包

| P.44 | 設計＆製作／賴英琴老師 |

材料準備

布料1尺

透明布1尺

20cm塑鋼拉鍊1條

運用工具

18mm滾邊器・錐子・強力夾・

水溶性兩面接著膠・布用口紅膠。

裁布尺寸說明 ★作品尺寸內含0.7cm縫份

1. 透明布22.5×12cm 1片
2. 表布前片22.5×14cm 1片
3. 表布後片26.5×18cm 1片
4. 滾邊布22.5×4cm 1條

How to make

1. 透明布取一側22.5cm邊上對齊滾邊布車縫，再翻回表面壓縫裝飾線0.2cm固定，完成滾邊收邊。
2. 拉鍊正面貼上水溶性兩面接著膠，將處理後的透明布（步驟1）滾邊處對齊拉鍊齒下方車縫兩道線固定。
3. 完成拉鍊的透明布對齊表布下端疏車三邊固定後，再背面相對置中，以布用口紅膠固定於後表布上。
4. 後表布上端縫份以三摺車縫方式，先與拉鍊上方車縫兩道線固定，再以相同方式固定後表布下端縫份，完成隨行包的上下兩端，收邊固定。
5. 再將左右兩側縫份同樣以三摺縫方式收邊，車縫0.2cm壓線固定即完成。

How to make

魚兒上鉤吊飾

| P.45 | 設計＆製作／彭靜慧老師 |

材料準備

表布1尺
透明塑膠布
美國棉
奇異襯
鑰匙圈
0.5cm寬緞帶
素色布1/4尺
素色布11x16cm1片
透明塑膠布7x7cm1片

運用工具

布用剪刀・珠針・水消筆・手縫針・
手縫線・車線

裁布尺寸說明 ★作品尺寸內含縫份

1. 表布1尺
2.透明塑膠布

How to make

1. **魚的製作：**取一片魚的圖案，依輪廓外留1.5cm縫份剪下，另裁剪一片11×16cm素色布及一片11×16cm美國棉備用。
2. 將0.5cm寬緞帶取4cm一段，對摺車縫固定於魚嘴巴的位置。
3. 將魚圖案布與素色布正面相對，再疊放於美國棉上，四周依圖案輪廓車縫一圈，留3至4cm返口不車縫。
4. 四周修剪剩0.7cm縫份，弧度及凹處需剪牙口。
5. 翻回正面整燙，返口處以藏針縫縫合完成。
6. **貝殼製作：**粗裁取貝殼圖案兩片，先取一片背面燙上奇異襯撕下後，與另一片貝殼圖案背面相對熨燙貼合，再依貝殼輪廓修剪完成。
7. 透明塑膠布裁剪7×7cm兩片，將貝殼放於兩片透明塑膠布中間，依貝殼輪廓車縫一圈。
8. 四周留0.3cm縫份修剪掉多餘的塑膠布，注意要打孔的位置，塑膠布需多留約0.7cm以便打孔。
9. 組合：將魚及貝殼裝於鑰匙圈上，即完成。

PART 3

How to make

森林樂園旅行3WAY包

| P.49 | 紙型 B 面 | 設計＆製作／賴惠雅老師 |

材料準備

表布 3尺
尼龍防水布4尺（裡布）
肯尼布2尺
洋裁襯
日本單膠棉
20cm拉鍊3條
創意拉鍊1包
創意拉鍊易開罐拉鍊頭3個
D型環6個
3.8cm織帶9 尺
2.5cm織帶5尺
2cm人字織帶12 尺
彩色段染線
蛋型環2個
日型環1個
網狀布
28mm雞眼釦

運用工具

裁切工具組．剪刀（布剪及線剪）．記號筆．強力夾．紅柄木錐．紅柄拆線器．拉鍊壓布腳（或可調式拉鍊壓布腳）．水溶性雙面接著膠帶．手藝用鉗子．奇異輪．28mm雞眼斬刀．打具

裁布尺寸說明

★作品．袋身紙型已含縫份1cm，背帶紙型不含縫份

1.肯尼布：
❶袋身A依紙型裁剪1片．
❷袋身E依紙型裁剪2片（含縫份洋裁襯2片．不含縫份單膠棉2片）
❸後袋身口袋D依紙型裁剪1片

2.表布：
❶袋身B依紙型裁剪2片需注意圖案布方向（燙洋裁襯2片）
❷背帶粗裁36cmx45cm2片 （單膠棉18cmx45cm1片）
❸後袋身粗裁30cmx50cm1片（單膠棉．洋裁襯各26cmx46cm1片）

3.尼龍布（裡布）：
❶袋身E依紙型裁剪2片
❷袋身A＋B紙型合併60x47cm1片
❸後袋身28x48cm1片
❹外拉鍊口袋24x32cm2片
❺內袋貼式口袋28×66cm1片．拉鍊口袋24×36 cm1片

4.網狀布：依紙型裁剪1片
2.5cm織帶7cm4條（套入D型環）．50cm2條（背帶下方）．3.8cm織帶40cm1條（袋身A提把用）．35cm1條（袋身E提把用）．150cm1條（斜背帶用）

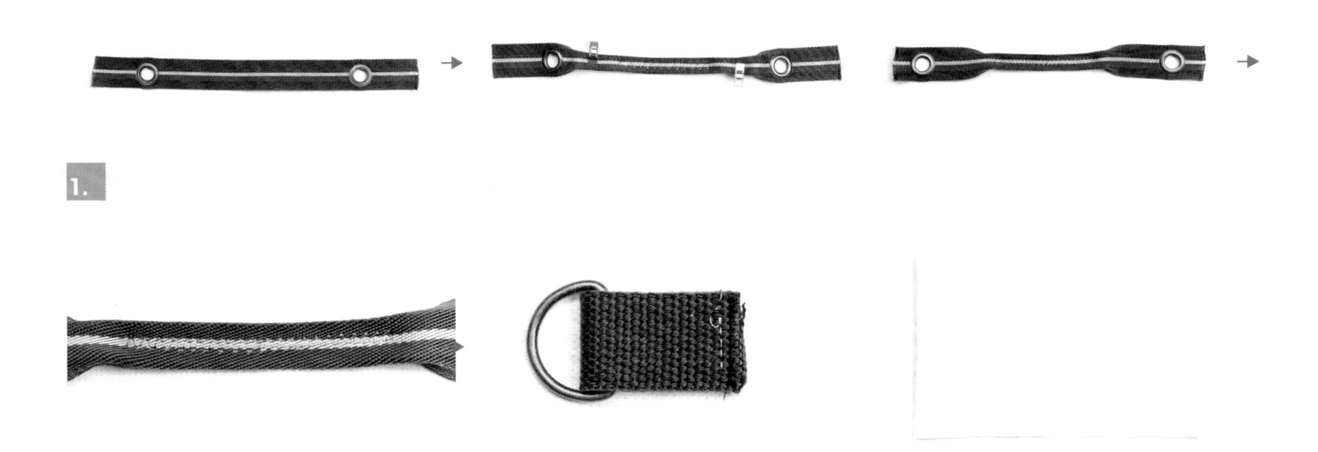

1. 裁剪3.8cm織帶35cm、40cm各1條，兩邊往內6cm位置打上雞眼釦，找出中心點左右各5cm作記號，以強力夾夾好，中間以彩色線車縫鋸齒花樣10cm備用。2.5cm織帶裁7cm4條分別套入D型環疏車固定備用。後袋身＋單膠棉＋洋裁襯三層浮燙，依各人喜好壓線完成，修剪尺寸成28 x48cm備用。

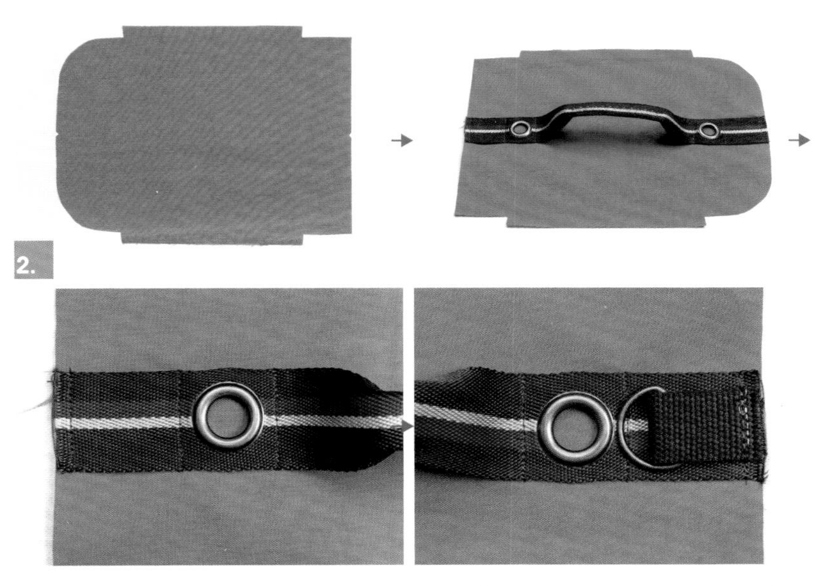

2. 袋身A製作：袋身A先畫出提把位置記號，取打好雞眼的3.8cm織帶40cm兩端對齊袋身，依紙型標示位置，將織帶車縫於袋身A中間，再取套入D型環的2.5cm織帶，固定於袋身A指定位置。

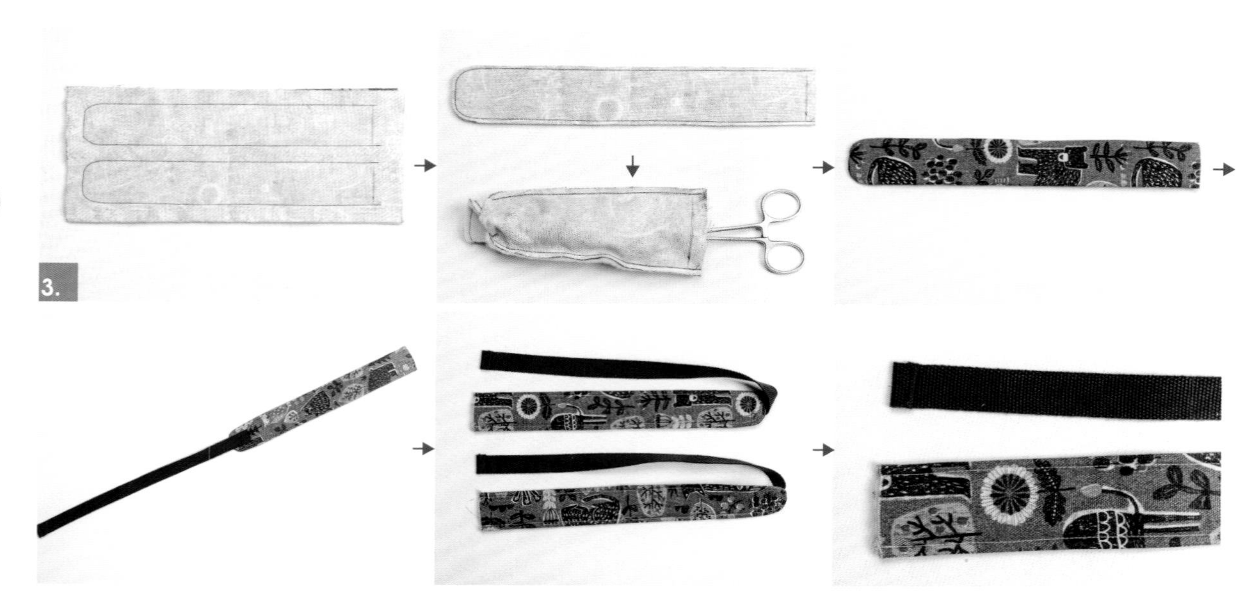

3. 背帶製作：粗裁的背帶布背面依紙型畫好2條背帶，正面相對對摺，下方放置單膠棉，依形狀車縫U字形，留上方不車縫，修剪縫份及多餘的鋪棉，以鉗子翻回正面，以熨斗稍微浮燙整理後，三邊壓線0.7cm，裁剪2.5cm織帶50cm 2條，車縫在背帶指定位置，織帶尾端摺2次1 cm收尾車縫。

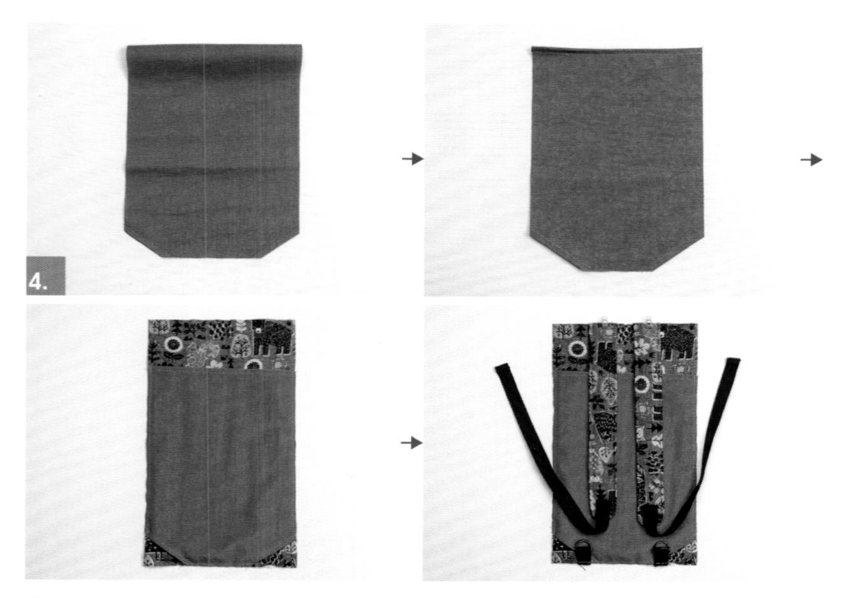

4. 後口袋及後袋身製作：後口袋布正面相對車縫下方兩邊斜線，翻回正面，熨斗調低溫隔布整燙，分別於袋口及下方斜度壓裝飾線0.7cm，將完成的後口袋車縫固定於後袋身，步驟3的背帶車縫於後袋身指定位置，套好D型環2.5 cm織帶車縫在袋身下方指定位置。

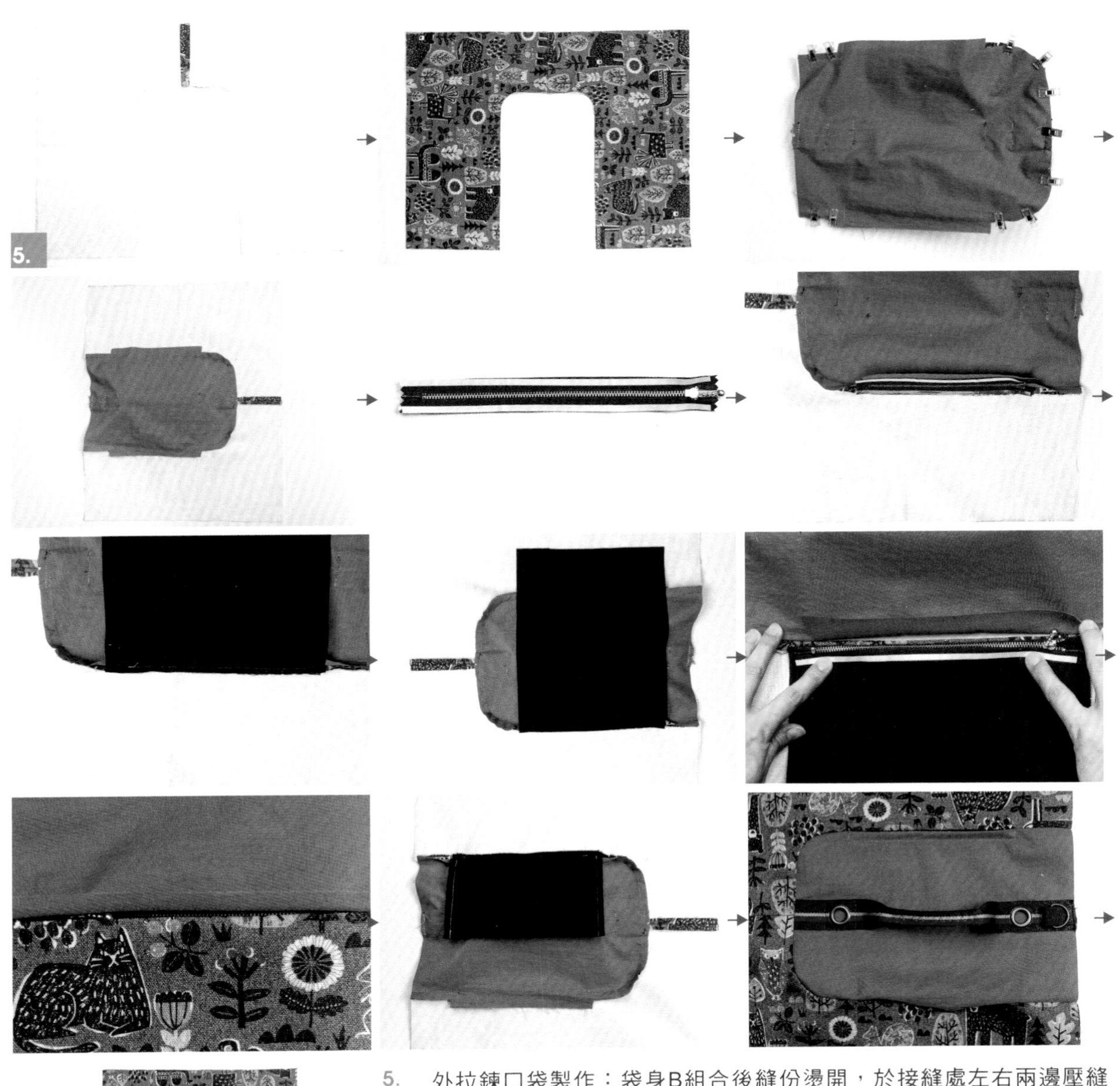

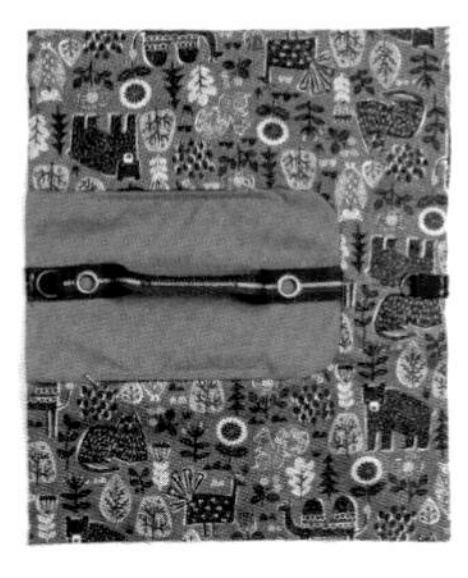

5. 外拉鍊口袋製作：袋身B組合後縫份燙開，於接縫處左右兩邊壓縫0.2cm裝飾線，再與袋身Ａ組合，開拉鍊處不車縫。拉鍊20cm正反面黏好水溶性雙面膠帶後，拉鍊下方正面黏袋身B縫份處，尼龍布黏在拉鍊背面三層夾車，再將尼龍布往上摺，與另一邊拉鍊黏好，翻回袋身正面，畫好裝飾線記號，正面壓1.5cm裝飾線。裡布兩邊車縫，完成2個外拉鍊口袋。

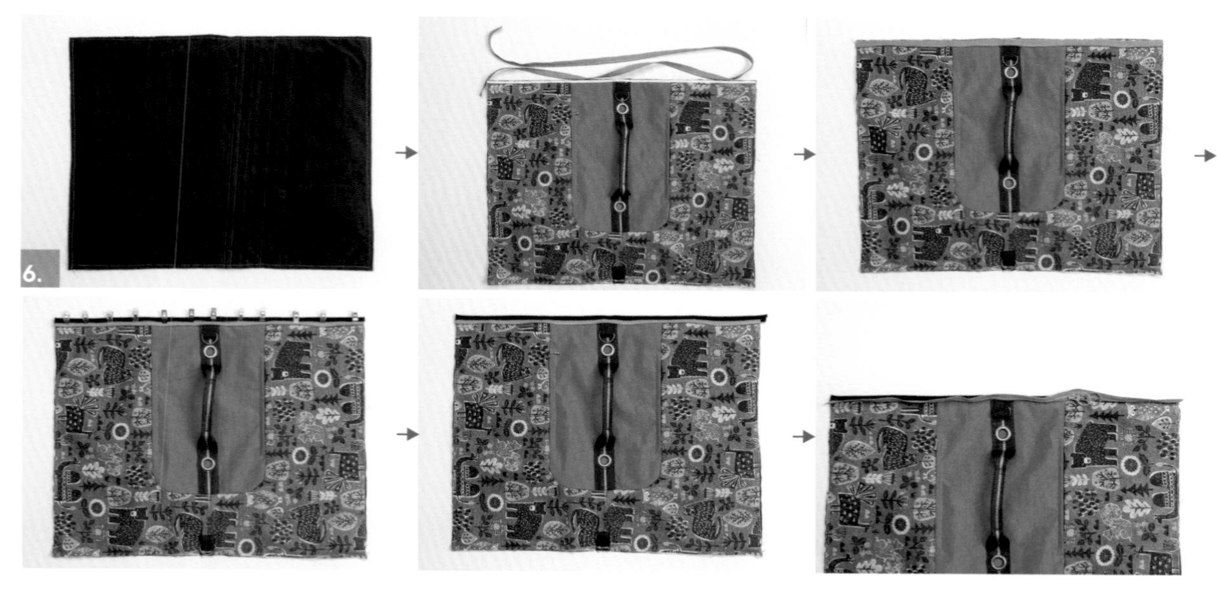

6. 裡袋身47cm×60cm與袋身B背面相對四周車縫固定，袋口處黏好水溶性雙面膠帶車縫創意拉鍊，縫份以人字帶包邊，取2個拉鍊頭套入另一邊拉鍊。套好D形環的2.5cm織帶固定於袋身另一邊。

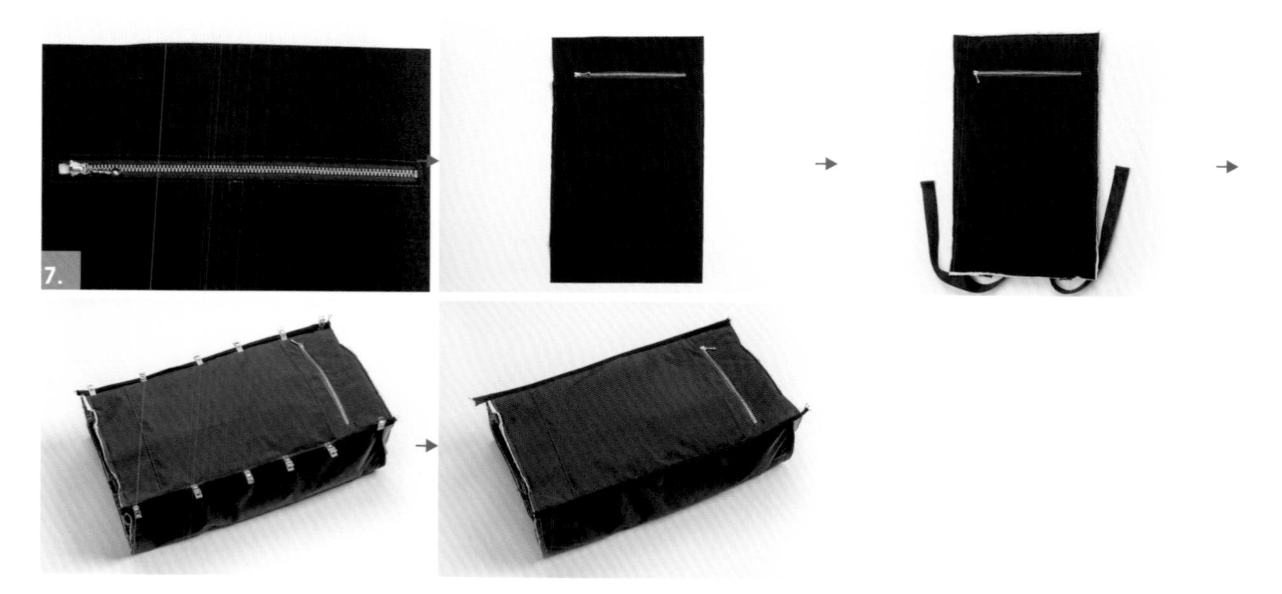

7. 裡布袋身袋口下7cm開一字拉鍊口袋，貼式口袋布66cm處對摺車縫下方，翻回正面於袋口壓線，袋口下10cm車縫貼式口袋，完成的裡袋與步驟4的後袋身表布背面相對四周疏車固定，取步驟6的袋身與後袋身組合，車縫兩邊成圓筒狀，縫份以人字帶包邊處理。

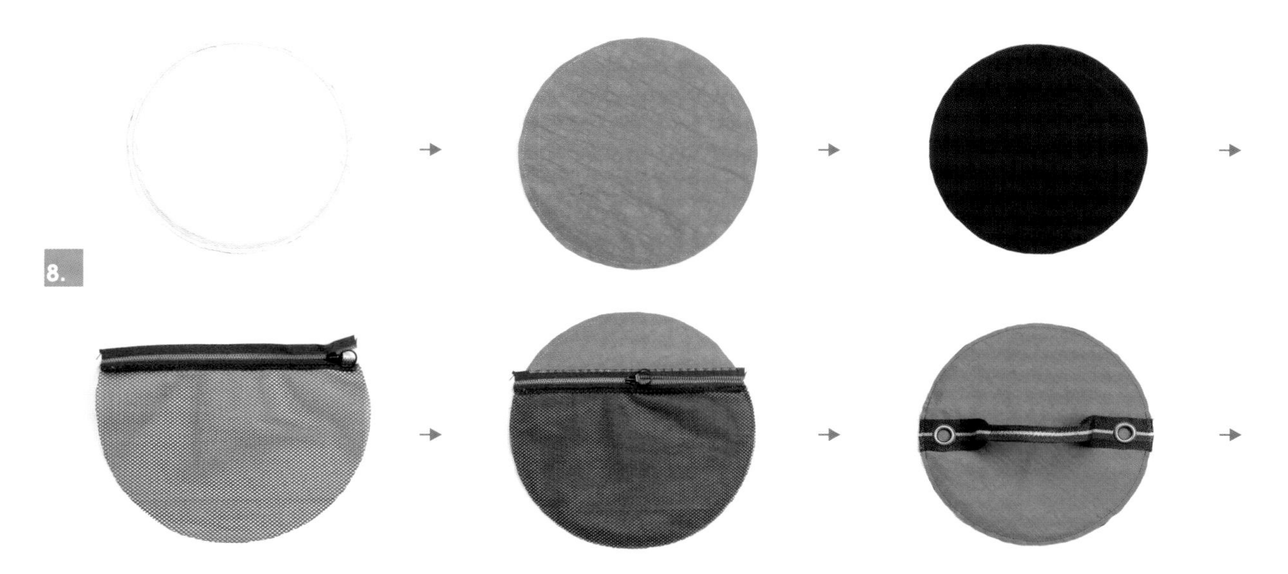

8. 袋身E製作：袋身E2片肯尼布加單膠棉加洋裁襯中低溫三層燙好，背面放上裡布四周疏車一圈。網狀布袋口車縫拉鍊下方，翻回正面壓線0.2cm，拉鍊上方直接以鋸齒花樣車縫在袋身，完成網狀口袋。另一片袋身E取打好雞眼35cm的3.8cm織帶車縫於袋身E中間。

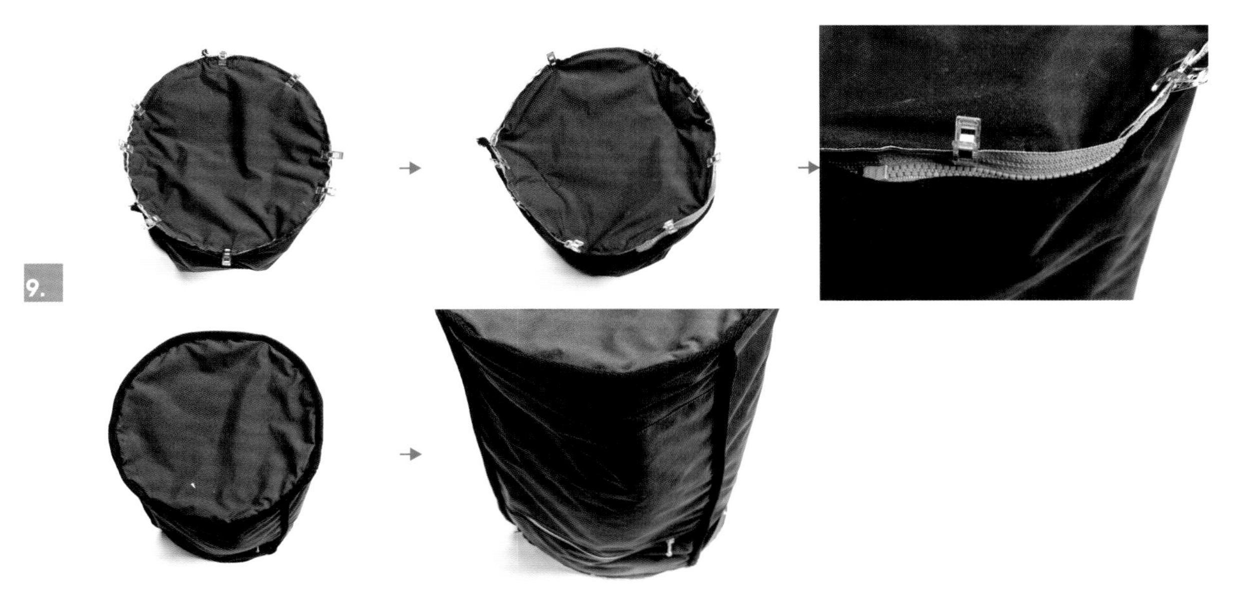

9. 步驟7的袋身分別與2片袋身E先以強力夾夾好再車縫一圈，縫份以人字帶包邊處理。

10. 將150cm織帶套入蛋型環、日型環，車縫兩邊，再將完成的背帶扣於袋身即完成可手提、肩背、後背的三用旅行袋。

How to make

森林樂園
支架口金包

| P.47 | 設計＆製作／賴惠雅老師 |

材料準備

表布1尺
裡布1尺
厚布襯
洋裁襯
20cm支架口金
40cm拉鍊
拉鍊裝飾皮套
水溶性兩面接著膠帶
手縫線

運用工具

拉鍊壓布腳．錐子．手縫針．珠針

裁布尺寸說明 ★作品尺寸．紙型已含縫份1cm

1.**圖案布**：表布20×35.5cm 2片（燙上厚布襯）
2.**裡布**：20×35.5cm 2片
3.**拉鍊支架口布**：6×35cm → 2片（燙上洋裁襯）

How to make

1. **拉鍊口布製作**：將口布長端兩端反摺1cm燙後，正面對齊壓布腳邊車縫花樣固定，再對摺燙好。
2. 拉鍊口布摺雙處背面分別貼上水溶性雙面接著膠帶後，拉鍊置中對齊黏好。換上拉鍊壓布腳，設定「中針位」對著壓布腳左右側車縫0.1cm及0.8cm裝飾線固定。
3. **袋身製作**：表布2片正面相對，車縫兩側及袋底，縫份燙開，打底角8cm。裡布2片正面相對，車縫兩側，袋底中間留（12cm返口不車縫），打底角8cm。拉鍊口布與表袋身袋口處分別找出中心點記號，口布正面固定於表袋口正面中心位置疏車一圈固定。
4. 將裡布翻至正面套入表袋身內正面相對固定，車縫袋口一圈。再將表袋、裡袋底角，底對底疊放加強車縫固定。由返口翻出正面，返口處以藏針縫縫合，整理外型。穿入20cm支架口金。
5. 拉鍊兩端分別以手縫固定拉鍊皮套，即完成支架口金包。

How to make

森林樂園護照套

| P.55 | 紙型 C面 | 設計＆製作／王玉蘭老師 |

材料準備

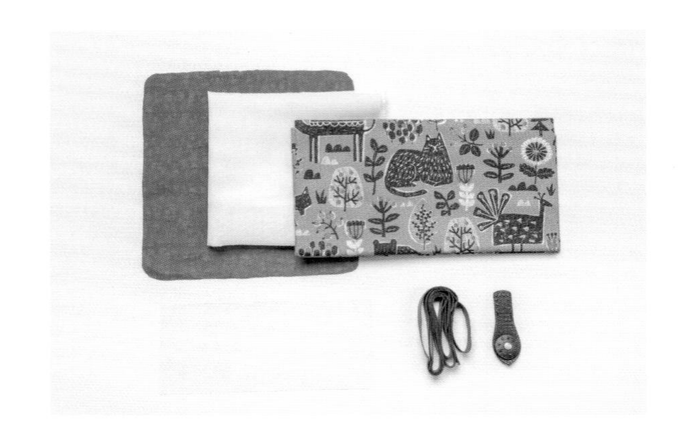

表布 0.5尺
肯尼布0.5尺
塑膠透明布0.5尺
輕挺襯
羅緞裝飾帶
皮釦絆

運用工具

裁刀・裁尺・裁墊・大小剪刀・錐子・記號筆・消失筆・縫份強力夾・手縫針線・皮革壓布腳・砂利康潤滑筆。

裁布尺寸說明 ★作品尺寸・紙型已含縫份0.7cm

1.**表布**：表袋身依紙型裁剪1片（輕挺襯）
2.**肯尼布**：裡袋身依紙型裁剪1片、內口袋A 24cm×23.5cm 1片、B 23.5cm×11.5cm 1片
3.**透明布**：口袋大、小依紙型各裁剪1片、卡片夾口袋 24cm×10cm 1片

How to make

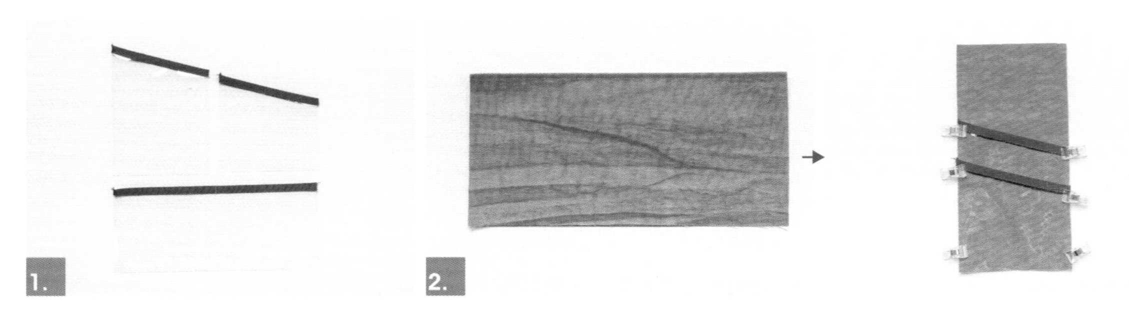

1. 透明布口袋大、小袋口車縫羅緞裝飾帶包邊，卡片夾口袋一長邊車縫羅緞裝飾帶包邊。
2. 口袋A長邊對摺車縫壓線0.5cm。

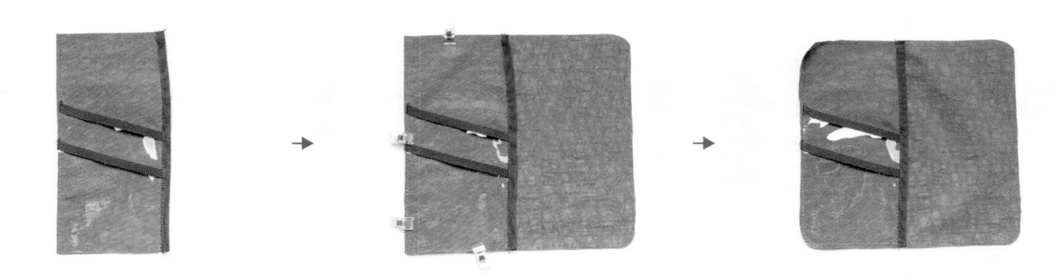

3. 將大、小透明口袋與B口袋重疊，兩長邊疏縫固定，右邊車上包邊，放於裡袋身左邊，三邊疏縫固定。

4. 卡片夾口袋與口袋A重疊放於裡袋身右邊，三邊疏縫固定。

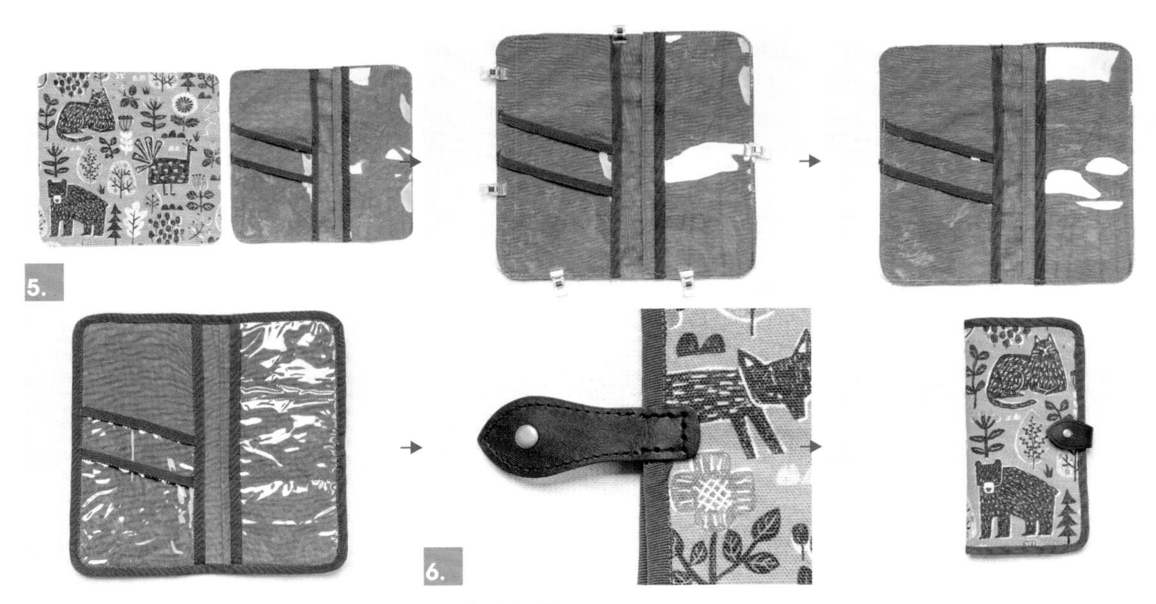

5. 表袋身與裡袋身背面相對疏縫一圈，車上包邊。
6. 縫上皮釦絆，即完成。

PART 3

How to make

森林樂園 輕旅後背包

| P.51 | 紙型 B面 | 設計＆製作／王玉蘭老師 |

材料準備

表布2尺
水洗帆布2尺
肯尼布3尺
輕挺襯
20cm拉鍊4條
50cm拉鍊
38mm日型環2個
38mm口型環2個
38mm織帶8尺
書包釦
提把
細棉繩2尺
人字織帶8尺

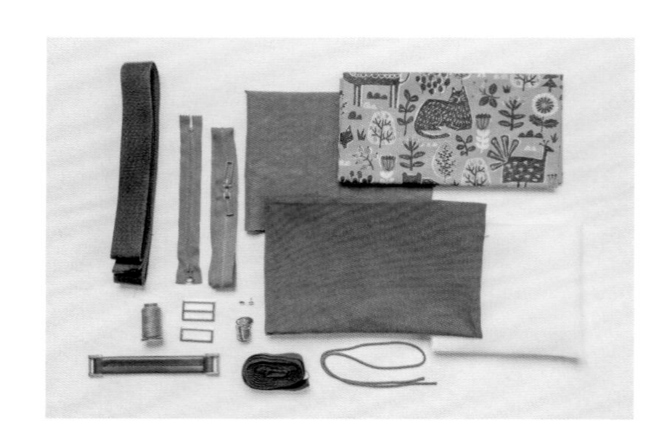

運用工具

裁切3件組・大小剪刀・錐子・珠針・記號筆・消失筆・強力夾・手縫針線・水溶性雙面膠・拉鍊壓布腳，包繩壓布腳

裁布尺寸說明 ★作品尺寸・紙型已含縫份1cm

1. **表布**：左袋身依紙型裁剪 1片（輕挺襯）、右袋身依紙型裁剪1片（輕挺襯）、前口袋 20cm×27cm（輕挺襯）、袋蓋依紙型裁剪2片（輕挺襯）、後袋身依紙型裁剪1片（輕挺襯）、後口袋依紙型裁剪1片（輕挺襯）、側口袋14cm×20cm 2片、拉鍊檔布 6cm×7cm 6片
2. **水洗帆布**：側身袋底依紙型裁剪1片（輕挺襯）、上側身10cm×53cm 1片（輕挺襯）、側口袋19cm×14cm 2片（輕挺襯）、口型環布11cm×11cm1片（斜對切）、包繩布 3cm×40cm（斜布紋）、上表袋身依紙型裁剪1片（輕挺襯）、下表袋身依紙型裁剪1片（輕挺襯）
3. **肯尼布**：袋身依紙型裁剪2片、側身袋底依紙型裁剪1片、上側身10cm×53cm、一字拉鍊口袋25cm×40cm、貼式口袋35cm×35cm、後口袋依紙型裁剪1片、前口袋20cm×27cm、左袋身依紙型裁剪1片、右袋身依紙型裁剪1片、上裡袋身依紙型裁剪1片、下裡袋身依紙型裁剪 1片

How to make

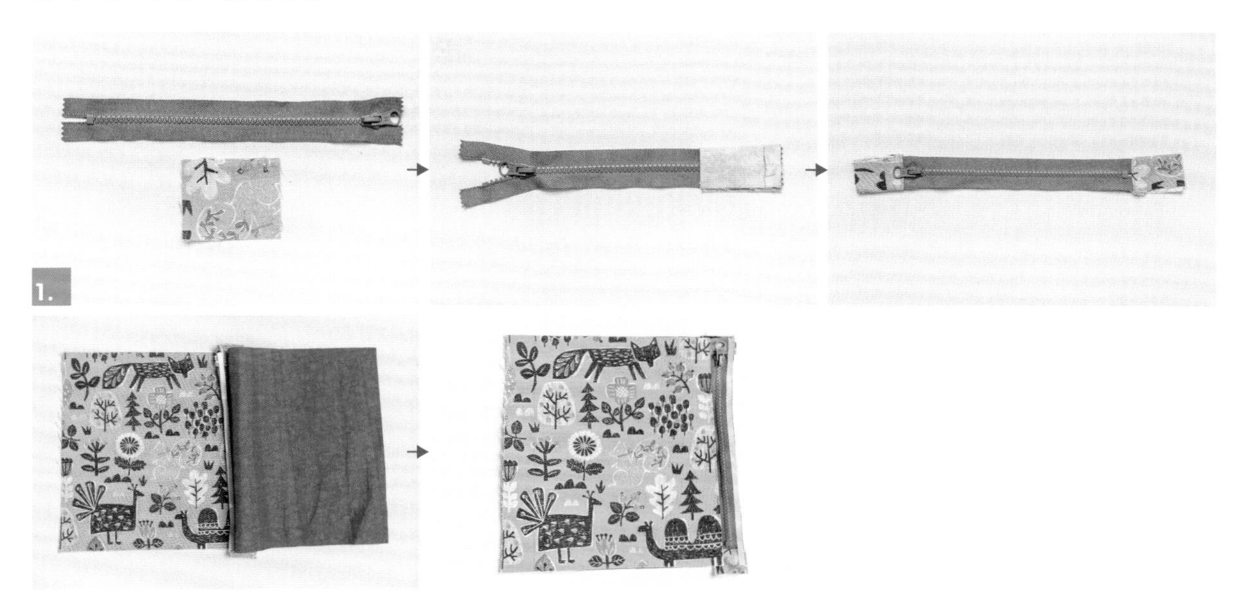

1. 前拉鍊上下車縫襠布，翻回正面壓線0.2cm，左袋身表裡夾車拉鍊，翻回正面壓線0.2cm，右袋身夾車另一側拉鍊。

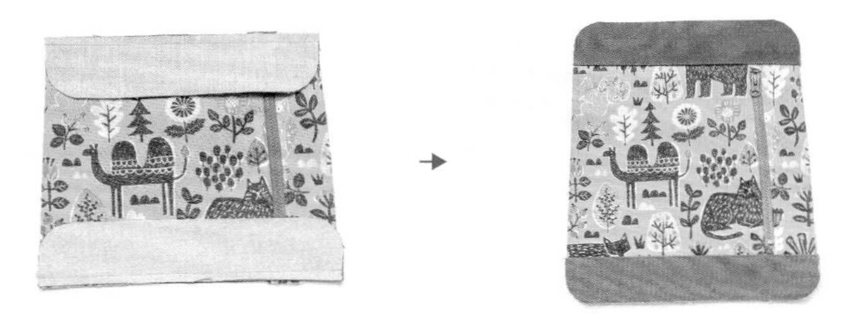

2. 上、下表裡袋身夾車步驟1，翻回正面壓線0.2cm。

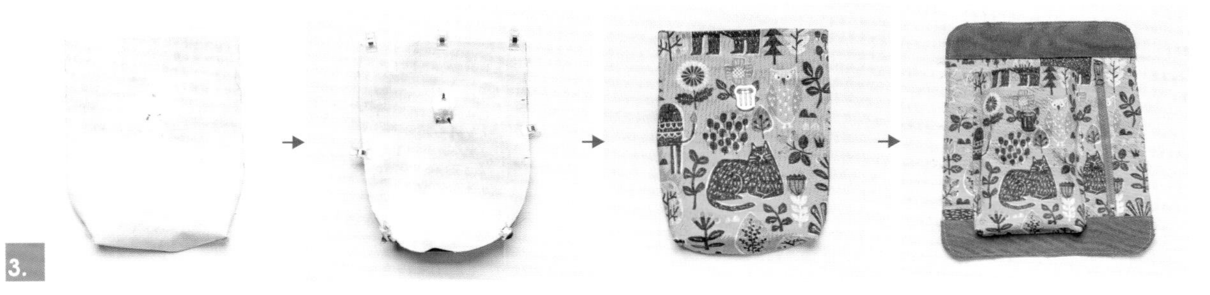

3. 前口袋表裡車縫底角3cm縫份修剩0.7cm，袋口下7cm裝上書包釦，表裡正面相對車縫一圈，側身一側留一返口，翻回正面袋口壓線1cm，依位置車縫於表袋身。

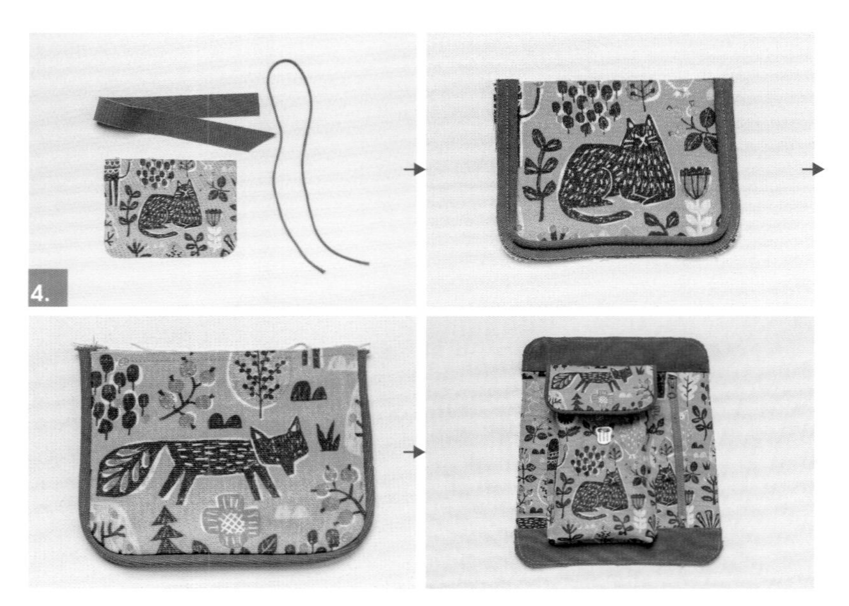

4. 表袋蓋U字車上包繩，表裡正面相對車縫U字形，翻回正面，表袋身依位置車縫袋蓋。

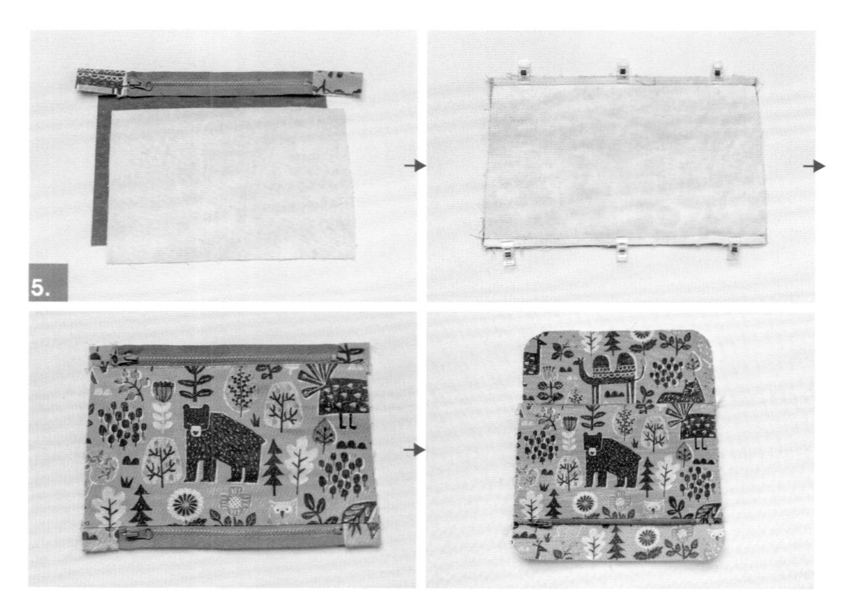

5. 後口袋拉鍊車上檔布共2條，後口袋表裡上下各夾車拉鍊，翻回正面壓線0.2cm，另一邊拉鍊依口袋位置車縫於後袋身。

6. 裁剪38mm織帶10cm套入口型環車縫固定，口型環布斜邊摺燙1cm夾車另一邊織帶，依位置疏縫於後袋身，剩餘織帶剪半固定於後袋身上中心。

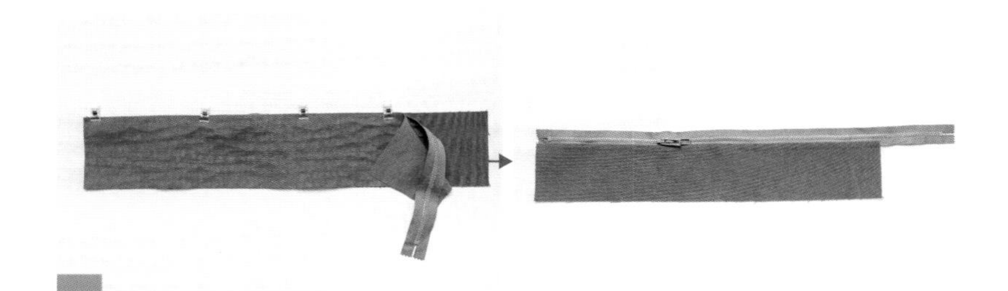

7. 上側身表裡夾車拉鍊，翻回正面壓線0.2cm與1cm。

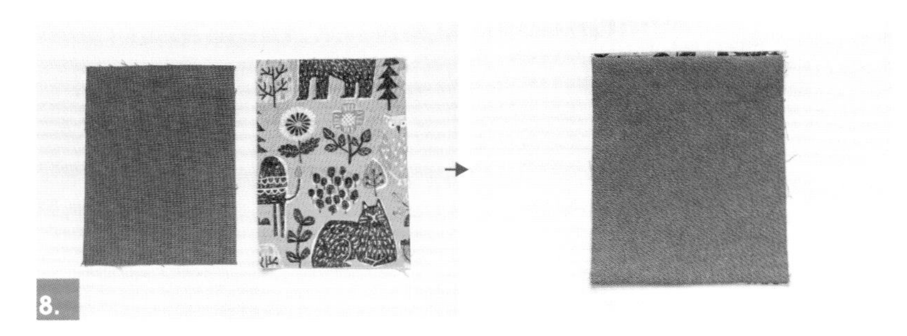

8. 側口袋表裡正面相對車縫上下側，翻回正面，上袋口完成壓線。

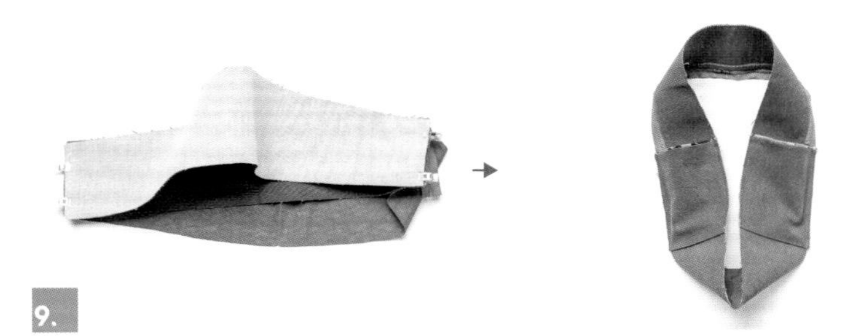

9. 側身袋底夾車上側身，翻回正面壓線0.2cm，依位置車上側口袋。

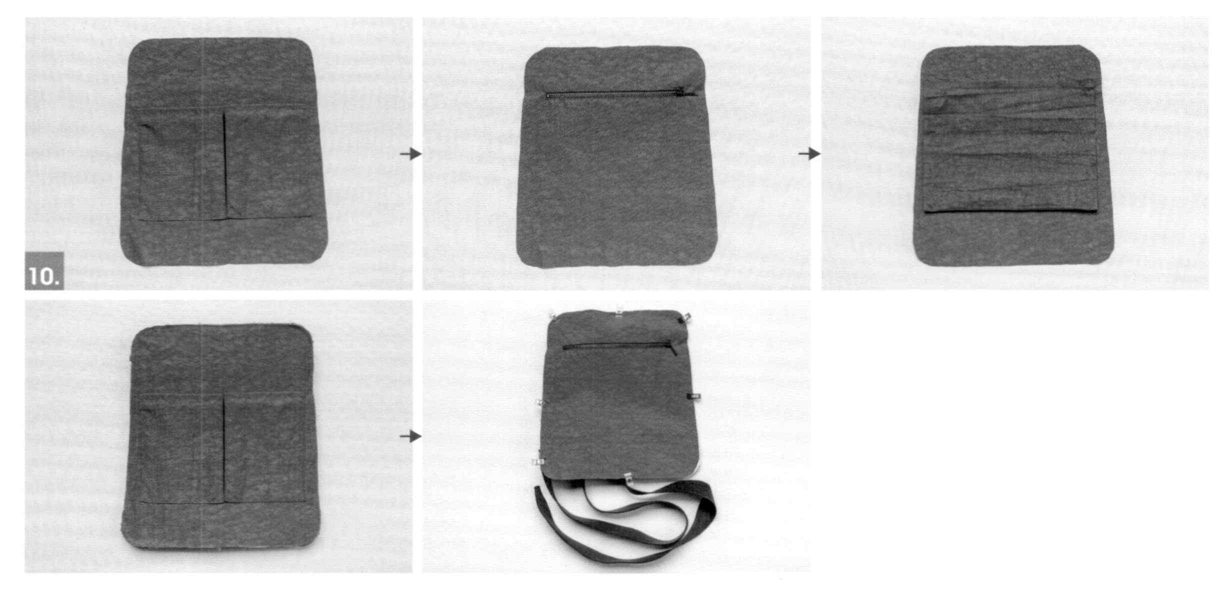

10. 裡袋身車上貼式口袋與一字拉鍊口袋，與表袋身背面相對疏縫車縫一圈。

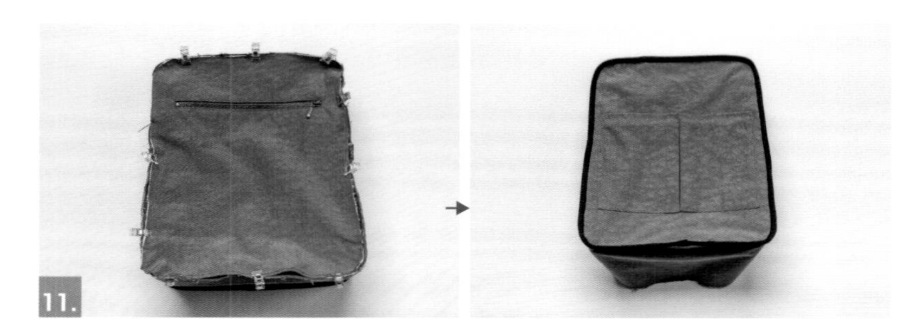

11. 前後袋身與側身車縫一圈，車上人字織帶包邊。

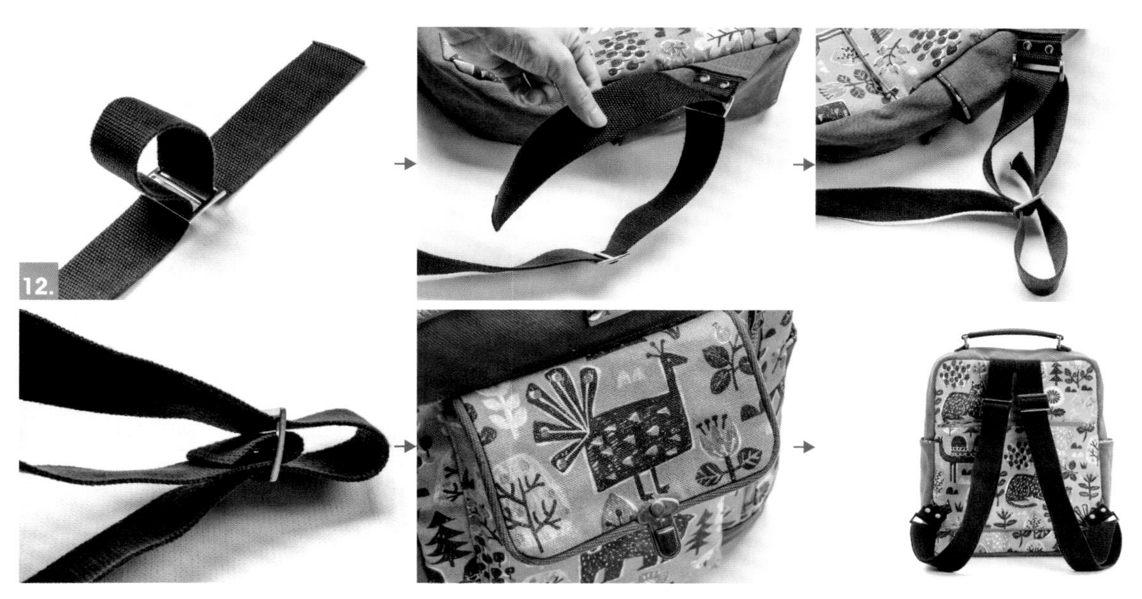

12. 釘上書包釦、手提把，背帶套入日型環穿入口型環再穿回日型環車縫固定，即完成。

★以不同色系的森林風格圖案布，呈現鮮明活潑的質感單品。

P
A
R
T
3

How to make

秋瑟長版衫

| P.57 | 紙型 C・D面 | 設計＆製作／陳淑娟老師 |

材料準備

表布8至9尺

車線一個

釦子13mm 8個

運用工具

各式剪刀（布剪、線剪、紙剪）・平待針・珠針・粉式記號筆・水消筆・錐子・拆線器・捲尺・方格尺等縫紉工具。

裁布尺寸說明

★拷克說明：肩線・前片脇邊・其他一邊車縫一邊拷克。

★縫份請參考原寸紙型各片標記。

★紙型提供M＆L，如S及XL請自行增減寬份。

完成尺寸&用布量

尺寸	肩寬	胸圍	袖長	衣長	用布量
S	37cm	102cm	36cm	83cm	8尺
M	38cm	106cm	38cm	85cm	8尺
L	38cm	110cm	39cm	86cm	9尺
×L	40cm	114cm	40cm	87cm	9尺

裁布圖

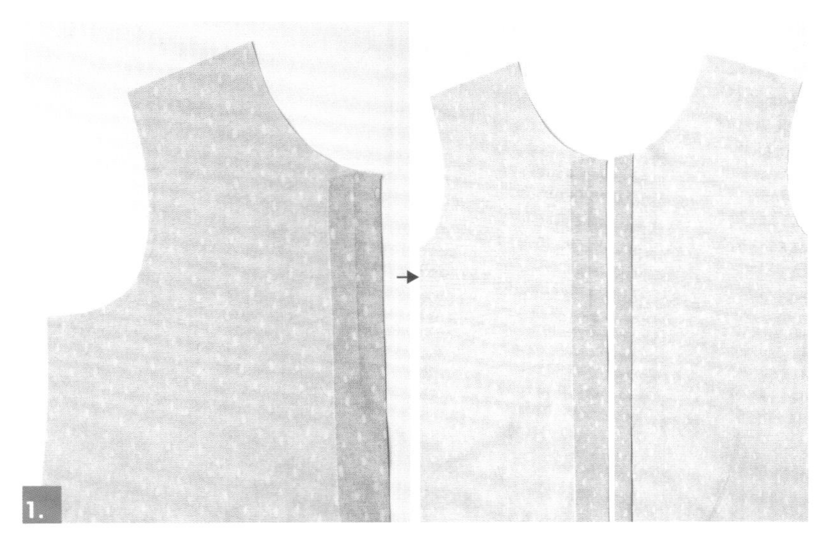

1. 前門襟依記號燙摺，先燙4cm門襟線，再燙2cm，再摺入2cm，即完成門襟燙摺線。

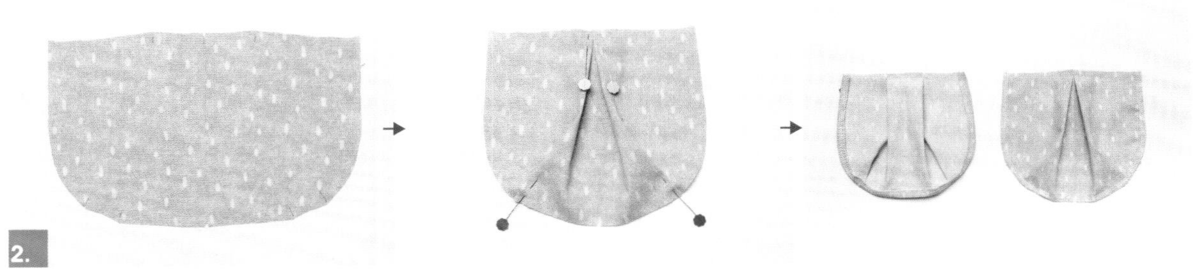

2. 口袋依摺向記號摺好，以珠針固定疏縫一道，口袋外緣拷克，縫份燙摺1cm。

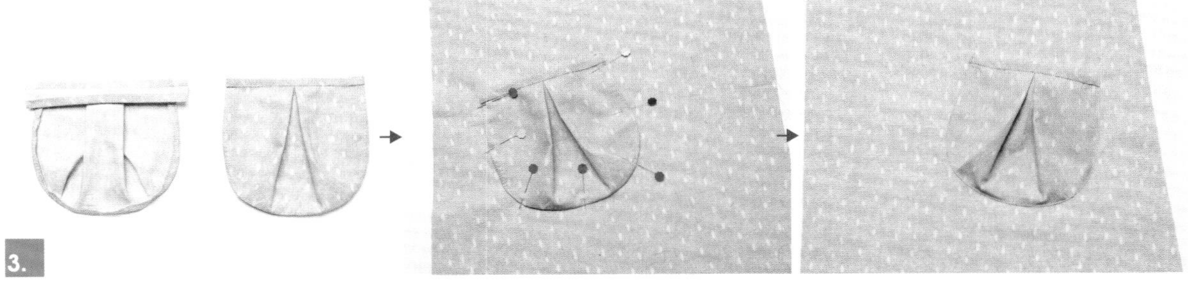

3. 斜布條以紅色捲邊器燙好，袋口以斜布條滾邊壓線完成，將口袋依記號別在前身片以珠針固定，車縫外緣0.1cm臨邊緣固定。

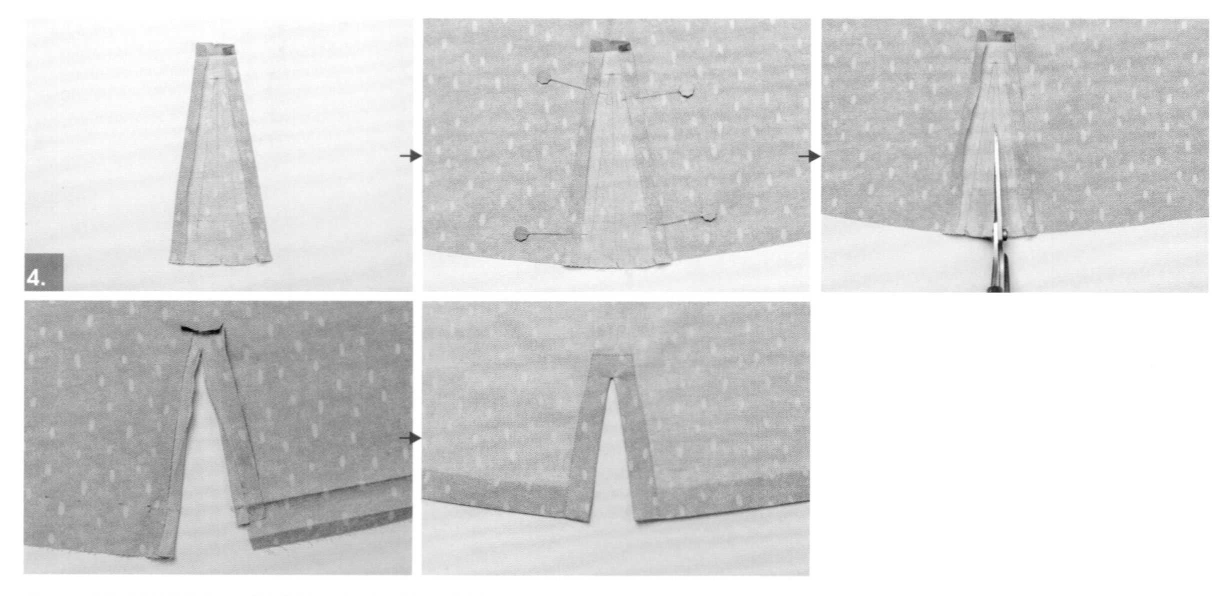

4. 『後片開衩布』與後片正面相對，車縫V形再剪牙口，翻至正面，車縫『後開叉』下襬線翻出正面，壓縫裝飾線固定。

4. 後開衩上方的『裝飾布』將縫紉1cm燙好，以口紅膠黏至後開衩上方，在四周邊緣壓縫0.1cm臨邊緣。

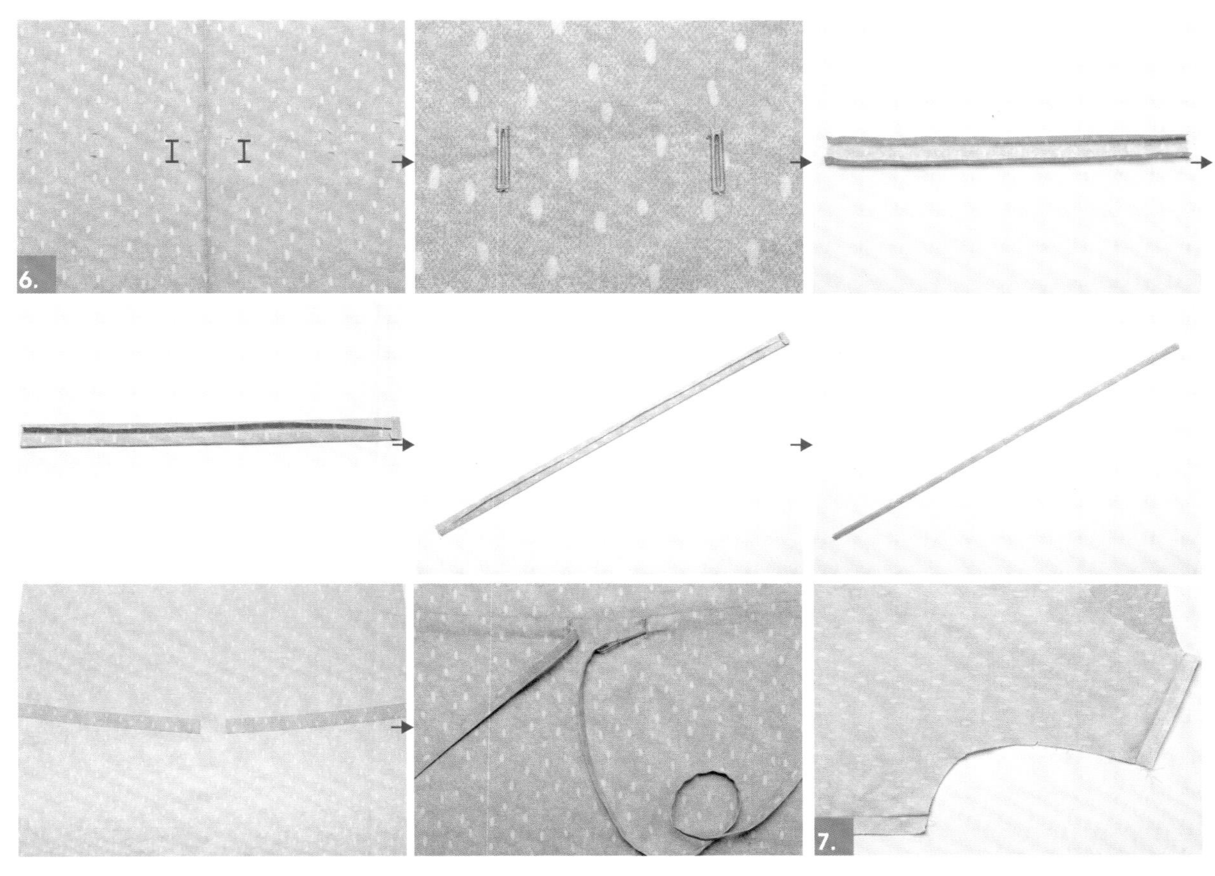

6. 後片中心點依記號車縫釦眼，將『腰帶襠布』的縫份1cm燙摺，依記號線以珠針固定壓0.1cm臨邊線車縫一圈，『腰裝飾帶』燙摺，以車縫壓線用穿帶器穿入襠布固定於脇邊，後脇邊再進行拷克。
7. 車縫前後肩線脇邊，縫份燙開。

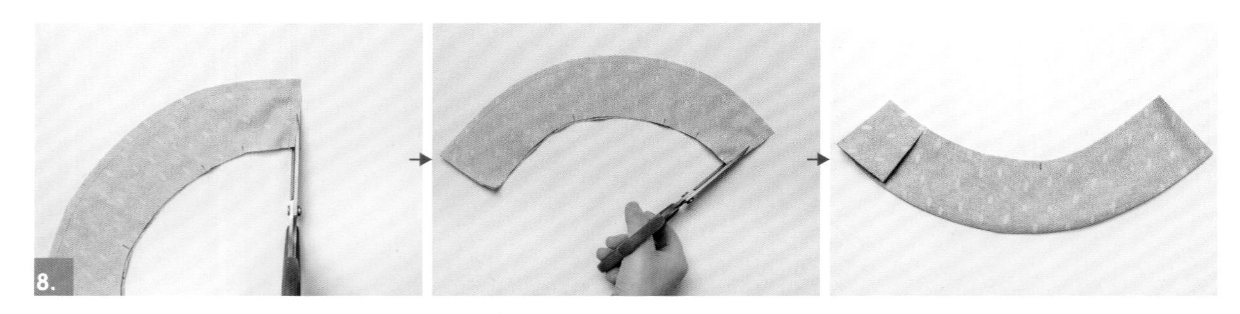

8. 領子正面相對，車縫ㄇ字形外緣，將縫份修剪至0.5cm，翻至正面，整燙，將前中央反摺至記號點疏縫一圈。

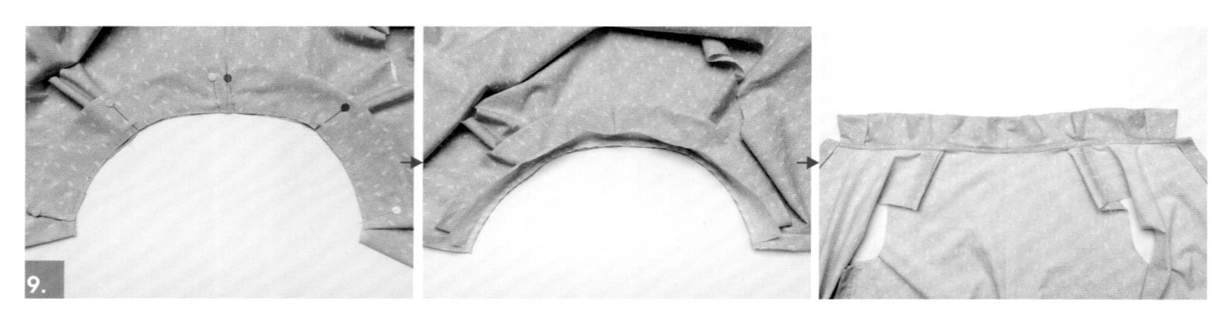

9. 將領子車縫固定於領圈，以斜布條包邊車縫一圈，剪牙口後，包邊車縫壓線固定於衣身。

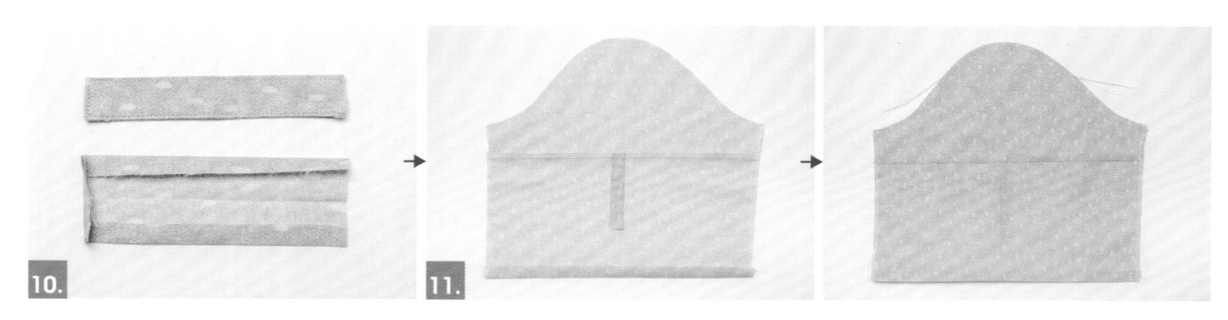

10. 袖子釦絆燙摺三邊，再對摺壓線車縫，釦絆車縫釦眼。
11. 釦絆布依記號固定下袖子，上、下袖子車縫接合，再拷克。上下剪接線壓0.1cm臨邊線，袖脇可拷克車縫脇邊，袖口壓線一圈。

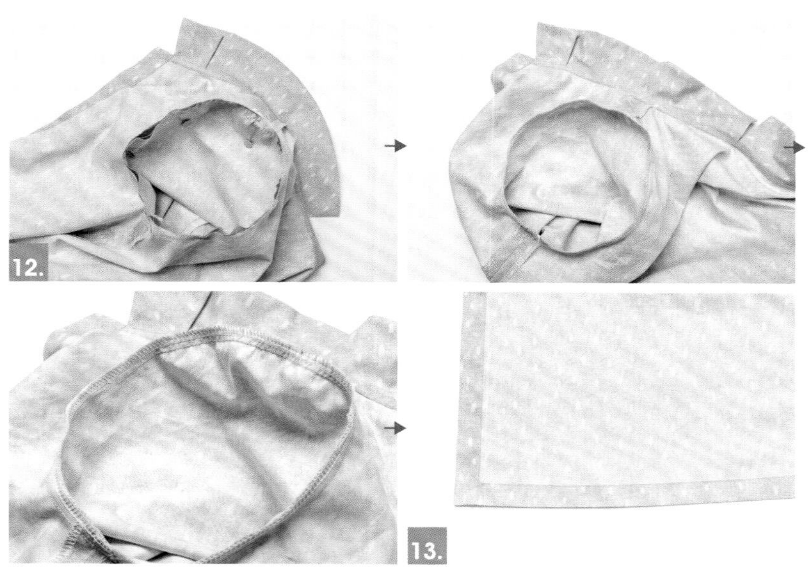

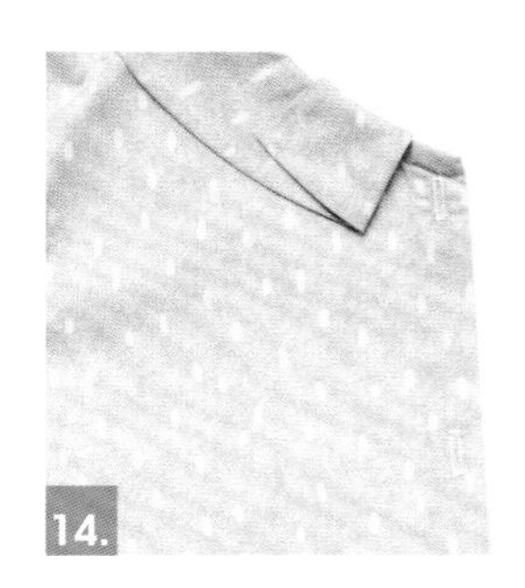

12. 縫上袖子，袖山處疏縫二道、0.4cm一道，再於0.4cm車縫一道（針距調在4.5至5.0之間），依照對記號點固定車縫一圈，再拷克。
13. 車縫下襬，先燙3cm再摺入1cm壓線固定。

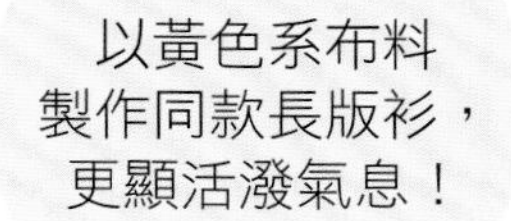

14. 車縫門襟釦眼，縫釦子。

以黃色系布料
製作同款長版衫，
更顯活潑氣息！

How to make

簡約優美上衣

P.61 | 紙型 C・D面 | 設計＆製作／陳淑娟老師

材料準備

表布至6尺
車線一個
釦子13mm一個

運用工具

各式剪刀（布剪、線剪、紙剪）・平待針・珠針・粉式記號筆・水消筆・錐子・拆線器・捲尺・方格尺・返裡針・縫份燙尺等縫紉工具。

裁布尺寸說明

★拷克說明：前・後肩線・前後脇邊。
★縫份請參考原寸紙型各片標記
★紙型提供M＆L，如S及XL請自行增減寬份。

完成尺寸＆用布量

尺寸	肩寬	胸圍	衣長	用布量
S	53cm	94cm	67cm	5 尺
M	55cm	98cm	68cm	5 尺
L	57cm	102cm	69cm	6 尺
×L	59cm	106cm	70cm	6 尺

裁布圖

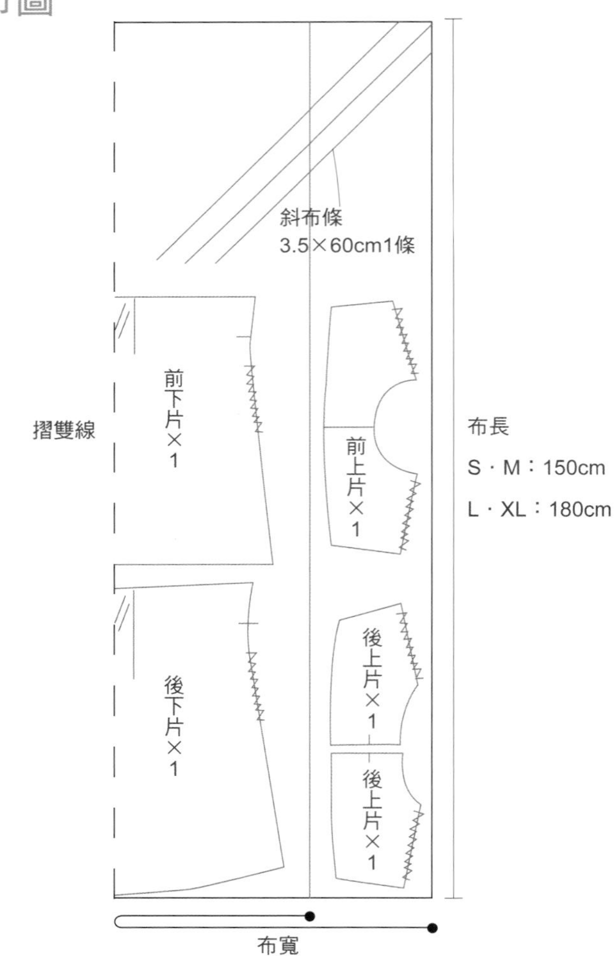

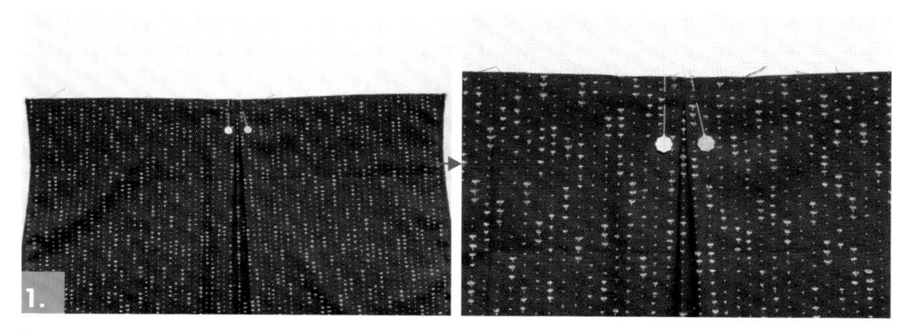

1. 前、後褶子依摺向褶好，以珠針固定後，疏縫一道。

2. 前上片與前下片車縫接合後，再進行拷克，縫份倒向上片，表面壓0.1cm臨邊線。

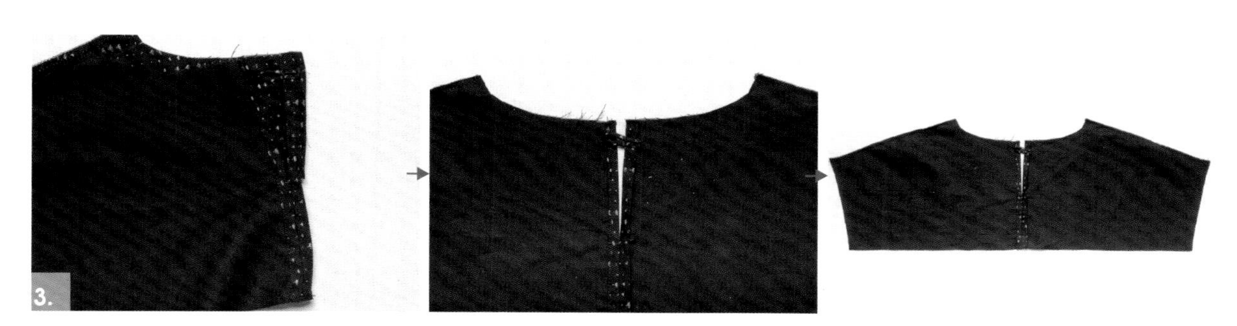

3. 後上片兩片正面相對，車縫至止點，縫份燙好。釦袢布車縫為釦眼，固定在後領圈中心點，後中心縫份三褶縫折光面壓線固定。

4. 車縫前、後肩線，縫份燙開。
5. 領圈以斜布條車縫一圈，縫份燙好。縫份剪牙口一圈，斜布條包一圈壓線固定。

6. 前、後脇邊車縫至袖口止點， 縫份燙開，袖口三褶車縫壓線固定。

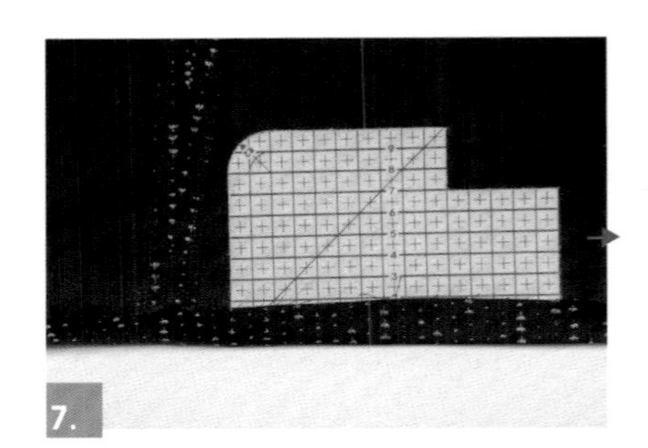

7. 下襬燙2cm後再燙入1cm，壓線固定即完成。

How to make

百搭寬褲

| P.60 | 紙型 C・D面 | 設計＆製作／陳淑娟老師 |

材料準備

表布７尺

車線一個

鬆緊帶25 mm一包

運用工具

各式剪刀（布剪、線剪、紙剪）．平待針．珠針．粉式記號筆．水消筆．錐子．拆線器．捲尺．方格尺．穿帶器等縫紉工具。

裁布尺寸說明

★拷克說明：只有腰圍不拷克，其他部分均拷克。

★縫份請參考原寸紙型各片標記

★紙型提供M＆L，如S及XL請自行增減寬份。

完成尺寸&用布量

尺寸	腰圍	褲長	鬆緊帶	用布量
S	98cm	74cm	72cm	7尺
M	102cm	75cm	76cm	7尺
L	108cm	76cm	80cm	7尺
×L	114cm	77cm	84cm	7尺

★備註：鬆緊帶可依個人的腰圍尺寸而作調整

裁布圖

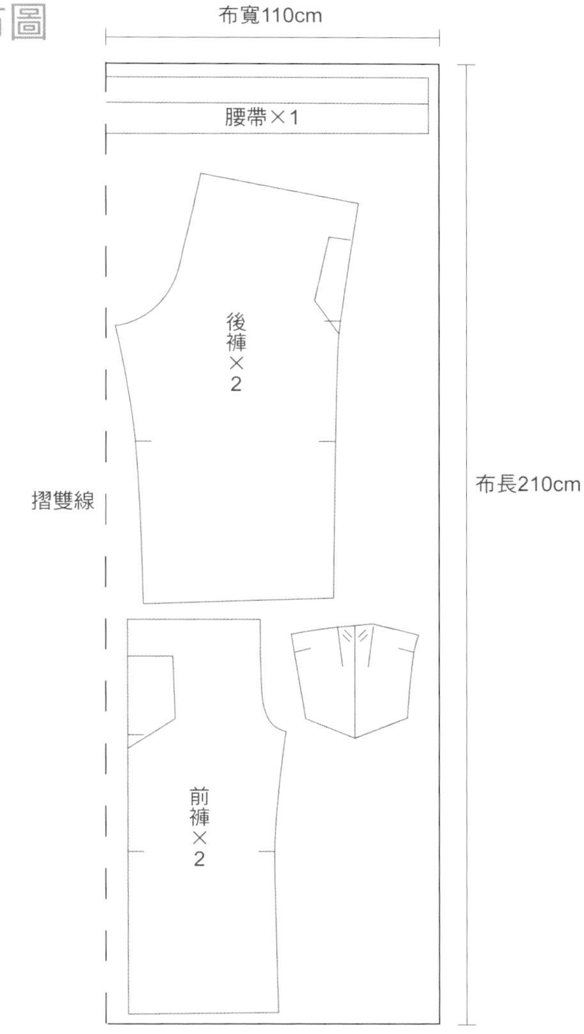

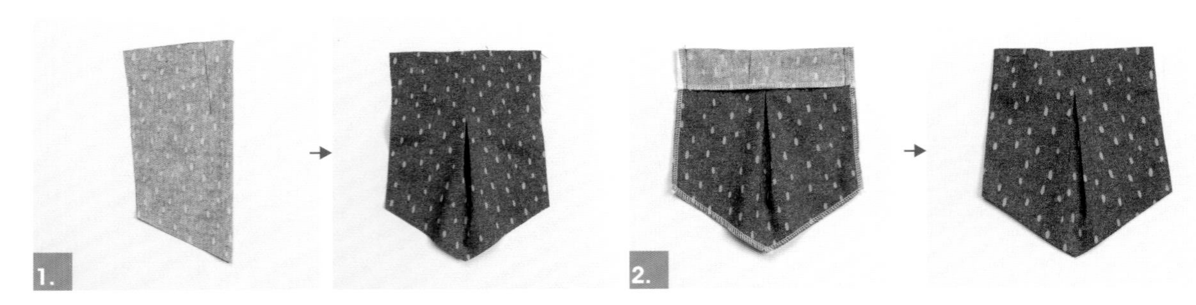

1. 袋口褶子依記號車縫，燙出對摺線，先疏縫一道，再拷克四邊。
2. 袋口貼邊反摺4cm，車縫左、右兩側1cm縫份，翻出正面縫份燙摺1cm。

3. 前、後褲外脇邊車縫1.5cm，縫份燙好。

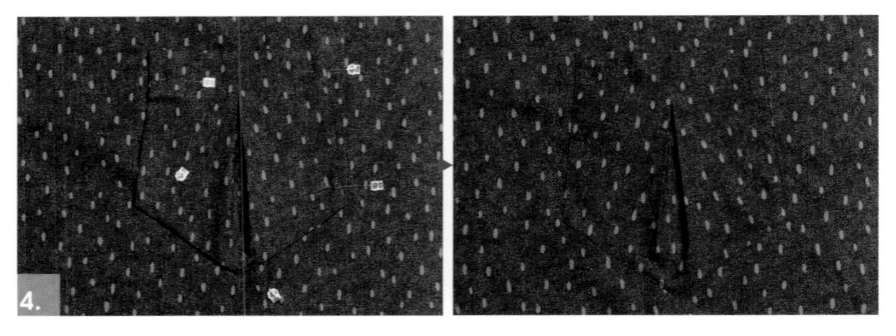

4. 將口袋固定於褲身上的記號，車縫0.1cm臨邊線。

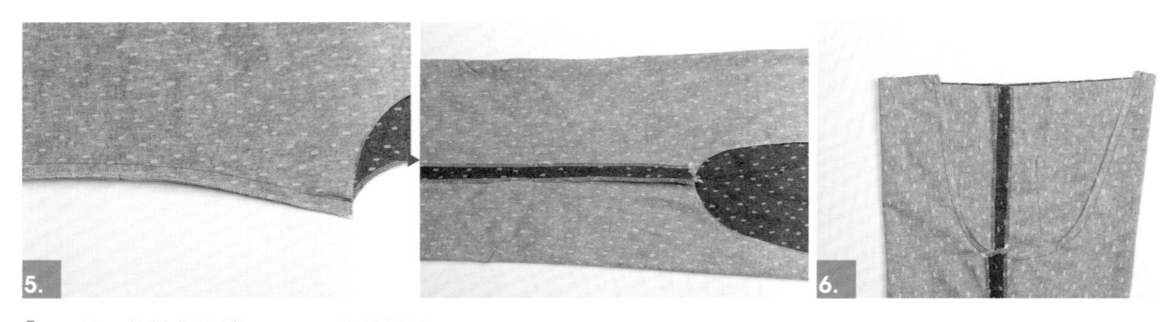

5. 前、後褲內脇邊1.5cm，縫份燙好。
6. 將兩支褲管套於一支褲管內，正面相對車縫褲襠。

7. 車縫脇邊1cm，內側腰脇邊留洞不車縫，穿鬆緊帶用。

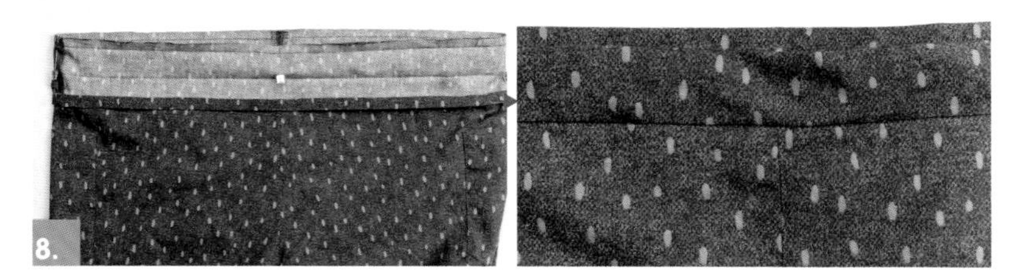

8. 腰帶與褲腰記號對合，車縫一圈，翻摺後以落針壓縫固定腰頭。

9. 以穿帶器穿入鬆緊帶。（鬆緊帶長度請依個人尺寸調整）
10. 褲口縫份燙摺3cm，可以手縫或車縫方式均可。

【Fun手作】137

簡單＆實用，初學縫紉也ok！全圖解
布・包＆衣北歐風創意裁縫特集

作　　　者／臺灣喜佳（股）師資群
發　行　人／詹慶和
執 行 編 輯／蔡麗玲・黃璟安
編　　　輯／蔡毓玲・劉蕙寧・陳姿伶・陳昕儀
執 行 美 術／周盈汝
美 術 編 輯／陳麗娜・韓欣恬
攝影出版者／數位美學賴光煜
出　版　者／雅書堂文化事業有限公司
發　行　者／雅書堂文化事業有限公司
郵政劃撥帳號／19452608
戶　　　名／雅書堂文化事業有限公司
地　　　址／新北市板橋區板新路206號3樓
電　　　話／(02)8952-4078
傳　　　真／(02)8952-4084
電 子 信 箱／elegant.books@msa.hinet.net

2020年2月初版一刷　定價480元

經銷／易可數位行銷股份有限公司
地址／新北市新店區寶橋路235巷6弄3號5樓
電話／(02)8911-0825
傳真／(02)8911-0801

版權所有・翻印必究
未經同意，不得將本書之全部或部分內容使用刊載
本書如有缺頁，請寄回本公司更換

國家圖書館出版品預行編目資料

簡單＆實用，初學縫紉也 ok!：全圖解・布・包
＆衣北歐風創意裁縫特集 / 臺灣喜佳（股）師資
群著 . -- 初版 . -- 新北市：雅書堂文化，2020.2
　面；　公分 . -- (FUN 手作；137)
ISBN 978-986-302-520-7(平裝)

1. 縫紉 2. 手工藝

426.3　　　　108018622

布・包&衣

北歐風
創意裁縫特集

brother A-80 縫紉之星 智慧型電腦縫紉機

布・包&衣
北歐風
創意裁縫特集

簡單＆實用．
初學縫紉也 ok！